应用型本科系列规划教材

飞行器制造工程专业导论

主　编　侯　伟
副主编　赵东平　孙　列
　　　　张　斐　王　飞

U0194971

西北工业大学出版社

西　安

【内容简介】 本书主要阐述飞行器制造工程专业的整体概况和飞行器制造的相关技术。全书分为8章，分别介绍飞行器制造工程专业概况、飞行器制造工程专业的知识体系、飞机的制造模式、飞机零部件的制造、飞机装配技术、飞行器制造新技术发展趋势、飞机制造工艺装备以及飞机制造业中的质量保证体系。

本书可作为飞行器制造工程专业的教材，也可供从事飞行器制造的工程技术人员参考。

图书在版编目(CIP)数据

飞行器制造工程专业导论 / 侯伟主编. — 西安 ：
西北工业大学出版社，2020.10
ISBN 978 - 7 - 5612 - 7370 - 8

Ⅰ. ①飞… Ⅱ. ①侯… Ⅲ. ①飞行器-制造 Ⅳ.
①V47

中国版本图书馆 CIP 数据核字(2021)第 171347 号

FEIXINGQI ZHIZAO GONGCHENG ZHUANYE DAOLUN

飞 行 器 制 造 工 程 专 业 导 论

责任编辑：王梦妮	**策划编辑：**蒋民昌
责任校对：王玉玲	**装帧设计：**董晓伟

出版发行：西北工业大学出版社
通信地址：西安市友谊西路 127 号 邮编：710072
电　　话：(029)88491757，88493844
网　　址：www.nwpup.com
印 刷 者：西安宝石兰印务有限责任公司
开　　本：787 mm×1 092 mm 1/16
印　　张：9.125
字　　数：243 千字
版　　次：2020 年 10 月第 1 版 2020 年 10 月第 1 次印刷
定　　价：35.00 元

前　言

为进一步提高应用型本科高等教育的教学水平,促进应用型人才的培养工作,提升学生的实践能力和创新能力,提高应用型本科教材的建设和管理水平,西安航空学院与国内其他高校、科研院所、企业进行深入探讨和研究,编写了"应用型本科系列规划教材"系列用书,包括《航空安全管理学》共计30种。本系列教材的出版,将对基于生产实际,符号市场人才的培养工作起到积极的促进作用。

本书是飞行器制造工程专业的教材,是在西安航空学院飞行器制造工程一流专业的建设和应用型本科建设过程中总结出来的相关内容,内容包括专业知识体系和飞行器制造体系两大部分。

飞行器制造工程专业的导论课程自2015年起为本科生开设,目的是引导学生了解该专业,并希望对该专业学生的后续选课有所帮助。课程开设初期,对于这门课应该讲授哪些内容等,教师们的想法并不统一,既没有教学大纲也没有教材,教学过程和教学内容因人而异,难以把控教学质量。本书将飞行器制造工程专业所涉及内容进行系统化的整理,传授给学生。

本书第1章主要介绍飞行器制造工程专业,包括飞行器的定义,该专业在国民经济和国防建设中的作用,专业设置情况等内容。第2章介绍专业的知识体系,包含能力要求、素质要求,专业的基本知识结构等内容。第3章介绍飞机的制造模式,重点介绍传统的飞机制造模式、制造基本方法和特点。第4章介绍飞机零部件制造,分为钣金零件、机加零件和复材零件制造,以及飞机零部件测量。第5章介绍飞机装配技术,重点介绍飞机装配定位和飞机总装技术。第6章介绍飞行器制造新技术发展趋势,主要包括材料、工艺、测量等几个方面。第7章介绍飞机制造工艺装备,包括工艺装备的作用和分类、标准工艺装备的设计和制造、装配工艺装备的设计和制造、飞机生产准备技术的发展等。第8章介绍飞机制造业中的质量保证体系,包括质量管理、飞机质量工程的几个重要环节、先进质量体系等内容。

本书由西安航空学院侯伟任主编,赵东平、孙列、张斐、王飞任副主编。具体编写分工为:侯伟编写第1、3、8章,赵东平编写第2章,张斐编写第4章,孙列编写第5、7章,王飞编写第6章。彭玉海对全稿进行了认真的审阅,并提出了很多宝贵的意见。

本书是在西安航空学院与中航飞机股份有限公司、西安嘉业航空科技有限公司、西安势加动力科技有限公司等企业长期校企合作的过程中,总结飞行器制造工程中所需要的相关技术编写而成的。同时,本书在编写过程中得到了中航飞机股份有限公司张海军工程师在飞行器装配技术方面,西安嘉业航空科技有限公司库大山工程师在飞行器制造发展趋势等方面提供的帮助。

编写本书曾参阅了相关文献、资料等,在此,谨向其作者深表谢意。

由于笔者水平有限,书中不足之处在所以难免,恳请广大读者批评指正。

编　者
2020 年 5 月

目　　录

第1章　飞行器制造工程专业概况

1.1　飞行器相关概念

1.1.1　飞行器的定义与分类

1. 飞行器的定义

飞行器（Flight Vehicle）是指由人类制造、能飞离地面、在空间飞行并由人来控制的在大气层内或大气层外空间（太空）飞行的器械。

2. 飞行器的分类

飞行器分为航空器、航天器、火箭、导弹和制导武器等五种类型。

在大气层内飞行的飞行器称为航空器，如热气球、滑翔机、飞艇、飞机、直升机（见图1-1～图1-5）等，它们靠空气的静浮力或空气相对运动产生的空气动力而升空飞行。

图1-1　热气球

图1-2　滑翔机

图1-3　飞艇

图1-4　飞机

图 1-5 直升机

在大气层外空间飞行的飞行器称为航天器,如人造地球卫星、载人飞船、空间探测器、航天飞机(见图 1-6～图 1-9)等。它们在运载火箭的推动下获得必要的速度进入太空,然后在地球引力的作用下完成轨道运动。

图 1-6 人造地球卫星

图 1-7 载人飞船

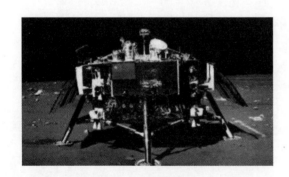

图 1-8 空间探测器

图 1-9 航天飞机

火箭(见图 1-10)是以火箭发动机为动力的飞行器,可以在大气层内,也可以在大气层外飞行。

导弹(见图 1-11)是装有战斗部的可控制的火箭,如主要在大气层外飞行的弹道导弹和装有翼面在大气层内飞行的地空导弹、巡航导弹等。

制导武器是能够按照一定规律进行的、在大气中飞行的、命中率高的武器,如末敏弹、制导炮弹等。精确制导武器如图 1-12 所示。

图 1-10　火箭

图 1-11　导弹

图 1-12　精确制导武器

1.1.2　飞行器制造的特点

飞行器包含航空器、航天器等,航空器,特别是飞机的制造特点几乎代表了整个飞行器制造的特点。

飞机制造业不同于一般的机械加工工业,从发展历史来看,它对于一个国家来说是具有战略性的高技术产业,其产业特点主要体现在以下几方面。

1. 当代科学技术的集中体现

飞机的研制以基础科学和技术科学为基础,集中应用了 20 世纪许多工程技术的最新成就,其中最直接的有空气动力学、热力学、结构力学、弹性力学等基础科学和冶金学、电子学、材料学、喷气推进、自动控制、计算机、制造工艺等技术科学。进入 20 世纪 80 年代,微电子、激光、仿真和计算机集成制造等高新技术又被飞机制造业广泛采用。近一二十年来,飞机在气动布局、结构与强度、推进系统、飞行性能与飞机控制、飞行安全、作战效能以及可靠性等方面的不断发展和进步,正是综合吸取了现代科学技术的成果,因此,有人很恰当地将飞机称为"现代科技与现代工业之花"。

同时,飞机制造业的需求又是推动微电子技术、自动控制、计算机、新材料和先进制造工艺等飞速发展的主要动力之一。一架飞机所含的零部件及技术参数要达到 10^7 量级,而一辆汽

车为 10^4 量级,一台金属切削机床为 10^3 量级。一架美国波音 747 大型客机的零件数量多达 600 万件。生产一架乘坐 19 人以下的小型飞机,飞机的零部件也多达 10 万件,需要的标准生产图纸 5 万多张,所需的原材料和锻铸件毛坯数千件。更重要的是保证飞机安全飞行所需的各种设备,如通信、导航、显示和飞行控制设备等都需采用高新技术。所以说一架飞机的研制和生产是一项庞大的系统工程,需要上百家科研院所和工厂的密切合作。飞机制造业是技术门类众多、知识高度密集的产业。

2. 高投入、高产出和高风险性的产业

飞机的研制需要相当高的投入,如美国研制第三代战斗机 F-16 花费了 8.7 亿美元,研制 F-117A 隐身战斗机花费了 20 亿美元。目前美国洛克希德·马丁公司正在进行着的第四代战斗机 F-22 的制造和发展项目,合同总经费高达 130 亿美元(含制造 11 架用于验证飞行的飞机)。现代军用飞机的销售价格也相当高,如 F-16 为 1 840 万美元,F-117A 为 4 600 万美元,而 F-22 将来的出厂价估计将达到 8 000 万美元以上。目前最贵的军机是美国预计生产 20 架的 B-2 隐身轰炸机,它的单机计划费用(含研制费)高达 22 亿美元,单机出厂价格预计达到 10.2 亿美元。洛克希德·马丁和波音两公司正在角逐 3 000 架隐身战斗机的生产权,该项目美国将耗资 1 700 亿美元。

现代民用飞机的研制费也相当惊人,如印尼正在研制的 50 座级涡桨支线客机 N-250 的研制费为 5.28 亿美元,欧洲合作研制的 150 座级干线客机 A-320 的研制费为 20 亿美元,而美国波音公司新研制的 350 座级的波音 777 新一代涡扇干线客机研制总经费达到 50 亿美元。美国和欧洲目前正研制的 600~800 座超大型客机的研制费将达 150 亿美元。民用飞机的销售价格也是很高的,上述提到的 N-250 的价格为每架 1 800 万美元,A-320 为每架 3 800 万美元,而波音 777 的售价超过每架 1 亿美元。

飞机研制的投入虽高,但由于产品本身附加值高,使得产出值也较高,投入产出比可达 1∶20,这使得美国航空工业成为当今美国出口额最大的行业。以 1992 年为例,当年美国出口航空航天产品金额为 450 亿美元,其中民用产品为 370 亿美元,仅商用喷气客机出口额就高达 220 亿美元。日本人曾经作过统计,按产品附加值的百分率计算,汽车为 25%,钢铁为 29%,航空产品则高达 44%。然而,飞机制造业由于投资大、技术发展快、产品研制周期长、市场变化频繁,因此具有高风险性。现代战斗机,从预研到生产再到交付一般要 15 年时间,就是从设计开始到交付也要 5~10 年。飞机研制期内需要持续投入,研制经费往往一再追加。另外,飞机要想盈利,就必须生产足够的数量。只有达到并且超过了盈亏平衡点才能盈利,高投入才会得到高回报,高产出才能实现高利润。例如,美国的 F-16 战斗机销量超过 4 000 架,波音 737 客机销量超过 2 500 架。美国飞机制造业就是靠着这样一批"明星机种"获得巨大利润的。而欧洲空中客车工业公司从研制 A-300 起步,生产了 20 年"空中客车"系列客机,直到交付了约 1 300 架才开始盈利。因此,飞机制造业是投资回报期长,需要大批量销售才能盈利的高风险产业。

3. 高度精密的综合性工业

无论是军用飞机还是民用飞机,都是由机体平台、动力系统、机载设备等构成的。与地面或水面上使用的汽车和船舶相比,飞机的可靠性和安全性要求更高;与火箭相比,飞机要求在多空域、多高度、多变气候环境下以多种速度和机动状态长期重复使用。一架战斗机从起飞到上升至高空要求在几十秒内完成,这一过程中,环境、温度、压强的变化是相当大的,这对于飞机的静强度、动强度、热强度和疲劳寿命都提出了极高的要求。因此,飞机在研制过程中需要考虑各种可能遇到的飞行情况,为此要做充分的研究和试验工作,加工时则要求精益求精,飞机的十万甚至百万个零、部件的生产和装配都要求达到规定的可靠性和寿命标准。以上所述都表明飞机制造业是高度精密的综合性工业,材料、电子元器件、加工过程、试验和质量检查,哪一个环节出了问题都可能造成机毁人亡的后果。所以说,飞机制造业能够反映出一个国家科学技术和工业发展的综合水平。

4. 带动其他产业发展的战略性产业

飞机制造技术的发展可以带动其他产业的发展。特别是它能带动冶金、化工、材料、电子和一般机械加工领域的科技进步,使大批不上天的民用产品更新换代。比如汽车的发展,无论是从其成形设备、材料、控制系统以及制造技术等方面都大量地吸收了飞机研制的技术成果。

由于飞机制造业的本质是高技术,所以很多国家都十分重视发展本国的飞机制造业,把飞机制造业作为促进国民经济发展的战略产业和出口创汇的支柱产业。美国商务部 1985 年出版的《美国高技术贸易与竞争能力》报告,列出了 10 个高技术部门,其中飞机及其部件名列第三。海湾战争后美国把航空技术列为"国家关键技术",美国政府的《国家关键技术报告》中,对美国为什么要选航空技术作为国家关键技术的解释是:"首先,航空技术对美国始终在世界航空市场上居领先地位至关重要。当前,世界每年飞机及相关产品的销售额已超过 1 000 亿美元,其中美国占了约 70%。其次,航空技术是获得空中优势和部队机动性的最重要的技术。"这份报告还认为:"现代军用和民用飞机都是高技术产品,在可预见的未来,这一论断仍然正确。因为只有航空技术进步才能研制出新的机种,并显著提高飞机性能。先进飞机的研制可促进新材料、新工艺、工业自动化、计算机及现代管理技术的发展,还可以带动电子科学的进步,从而使航空技术的成果在非航空领域广泛应用。"美国每年国防预算中超过三分之一都投入到了飞机研制、采购和使用技术中。可以说,美国是从"要确保其在未来世界的军事、经济和技术霸主地位"的国家最高利益出发,来发展航空高技术产业的。日本在 20 世纪 80 年代,把航空航天列为 21 世纪三大支柱产业之一,与之并列的是计算机和代用能源。德国航空航天工业在近 20 年的增长速度位居其国内制造业之首。韩国航空航天工业公司 2019 年 1 月 17 日宣布,将在未来 10 年及以后支持韩国国家航空航天业的发展,并在 2030 年前将该国航空航天的市场规模扩大至 180 亿美元。由此可知,飞机制造业在一个国家的战略性产业中占据着重要的地位。

1.1.3　系统工程与关键技术

飞行器制造工程涉及机械工程、电机工程、电子技术、计算机技术、材料科学、管理工程、控制工程和系统工程等诸多科学技术领域。各种新结构(复合材料结构、整体结构、夹层结构、超塑性成形与扩散连接的组合结构)、新元件(新型激光元件、敏感元件)、新材料(钛、铍、高温合金)、新工艺(各种型面的精密加工和超精加工工艺、无余量精铸和精锻工艺、叶片的定向凝固和单晶技术、快速凝固技术)、新方法(先进质量控制技术)的应用,正在加快整个飞行器制造工程的发展。设计、结构、材料、工艺技术的最佳配合将是飞行器制造工程新的发展方向。

1.2　飞行器制造工程专业研究的对象与范畴

1.2.1　研究对象

飞行器制造工程研究对象是以飞机、火箭、飞船、航空航天发动机等为代表的先进制造技术,涵盖的专业内容主要包括结构高性能优化、高效精密加工、复合材料技术、先进装配与连接技术、数字化、网络化、智能化制造技术等。此外,还研究飞行器制造过程中的新材料、新工艺、新装备、材料与结构一体化技术的应用等。

1.2.2　专业范畴

如前所述,飞行器是飞行器制造工程专业的研究对象。尽管其种类很多,但是从学科基础的角度来看,它们又具有共同基础。飞行器制造可以分为飞行器零部件制造和飞行器装配两部分。其对应的三个最基本的基础学科为力学、机械学和材料科学。

飞行器零部件制造主要研究金属钣金零件成形、机械零件加工、复合材料零件成形,以及在成形加工过程中所需要的工艺装备的设计与制造。

飞行器装配主要研究的是产品几何定义与协调方法、装配工艺装备的特点与作用、装配连接方式。以此保证零件与零件、零件与工装、工装与工装之间的协调,进而保证装配准确度。

1.2.3　培养目标

本专业旨在培养理论知识扎实,具备一定的工程分析能力,具有较强的航空制造/航空维修工程实践能力以及一定技术创新精神和能力,能在航空制造/航空维修及相关领域从事技术开发、工程设计与实施、技术服务工作等的高素质、应用型工程技术人才。

本专业学生毕业后,应达到以下目标:

(1)具有高尚的道德和人文科学素养;

(2)能够运用信息技术、工程数理基本知识和飞行器制造工程专业知识解决航空制造/航空维修领域工程项目中的复杂问题;

(3)能够跟踪航空制造/航空维修及相关领域的前沿技术,综合运用所学知识和技术手段,并考虑经济、环境、法律、安全等制约因素解决复杂工程问题,具有独立从事本领域工程项目的分析、设计、开发和管理能力;

(4)具备在多学科背景下团队的合作意识及有效地表达、沟通和交流的能力,并在团队或跨文化环境中作为技术骨干或主要负责人发挥有效作用;

(5)具备终身学习和拓展知识的能力,能够主动提升个人素质与知识水平,自觉遵守航空制造/航空维修行业标准、工作规范和相关行业法规。

1.3　飞行器制造工程在国民经济和国防建设中的作用

1.3.1　飞行器与国家安全

侦察机作为一款战时非常重要的武器受到了各国的广泛关注。新中国刚刚建立时曾倍受外国侦察机的欺负,当时的中国由于没有强大的防空力量,国外侦察机经常进入中国领空进行侦查。其中最为著名的是 U-2 侦察机,这款高空侦察机可以在 18 000 m 高空清晰地看到地面人员的动作,甚至只需要半天时间,该侦察机就可以拍摄整个美国。

我国的领空被国外侦察机抵近侦查,这样的情况屡屡提醒我们国防建设的重要性,壮大自己的国防实力才是唯一的出路。

1.3.2　飞行器与产业结构

航空产业是与航空器研发、制造、维修、运营等活动直接相关的,具有不同分工的,由各个关联行业所组成的业态总称。广义的航空产业还包括为上述产业内容做配套支撑的科研教育、交通运输、公共管理、现代服务等经济活动内容,以及航空产业直接和间接带动的相关农业、制造业和服务业内容。

航空产业具有辐射面广、产业链条长、成长性高和连带效应强等特点。它是世界技术、人才、资本集聚化程度较高的产业,是代表一个国家先进制造业发展水平的战略性高技术产业,能够有效促进社会经济的快速发展。

近年来,我国航空产业频结硕果,AJR21 支线客机、运 20、歼 20、太行发动机等重点项目先后取得重大突破。2017 年,C919 大型客机、AG600 水陆两栖飞机成功首飞,也让我国航空产业整体水平再上一个台阶。国家制造强国建设战略咨询委员会向《经济参考报》记者透露,到 2025 年前,我国还将在干线客机、支线客机、通用飞机、直升机等领域进行攻坚,预计将有 10~15 个重点项目研发成型并进入后续验证和生产阶段。

1.3.3　飞行器与高新技术

高新技术产业是以高新技术为基础,从事一种或多种高新技术及其产品的研发、生产和技术服务的企业集合,这种产业所拥有的关键技术往往开发难度很大,一旦开发成功,就具有高于一般产业的经济效益和社会效益。高新技术产业是知识密集、技术密集的产业。产品的主导技术必须属于所确定的高技术领域,而且必须包括高技术领域中处于技术前沿的工艺或技术突破。

2016 年修订的国家重点支持的高新技术领域包含了电子信息、航空航天等八大领域,其中航空航天领域又分为航空技术与航天技术。航空技术又细分为飞行器总体综合设计技术、飞行器动力技术、飞行器系统技术、飞行器制造与材料技术、空中管制技术、民航及通用航空运行保障技术。

1.4 专业设置情况

1.4.1 国际上飞行器制造专业的设置情况简介

美国大约有 50 多所高校开办航空航天类专业,其中不乏麻省理工学院、斯坦福大学等著名高校;英国大约有 40 所高校开办航空工程专业,其中包括了剑桥大学、帝国理工学院等著名高校。全球包括美国、英国、澳大利亚、俄罗斯、日本、南非、新加坡等许多国家的高校都开设航空航天类专业,而大部分学校的航空航天类专业都设有航空制造专业。

1.4.2 飞行器制造工程专业在我国的历史沿革

中国于 1917 年 8 月成立了"福州海军飞潜学校"。这是我国最早培养飞机和潜艇制造专业人才的学校。船政局局长陈兆锵兼任校长;巴玉藻、王助、王孝丰、曾贻经等担任飞机制造专业教官;陈藻藩、叶宏哲等担任船体制造专业教官;袁晋、黄承奭等担任轮机制造专业教官。修整原船政局铜元厂旧址,作为校址。学生由马尾艺术学校考试选送。入学前,学生应具有初中毕业学历,各施三年高中、三年专业的学习。制度仿效前后学堂,选取英文课本译成讲义,或采用原本。

福州海军飞潜学校第一届制造飞机专业学生共计 17 名,1923 年夏毕业;第二届造船专业学生共计 19 名,1924 年 8 月毕业;第三届机器制造专业学生共计 20 名,1925 年 4 月毕业;以上三届学生共计 56 名。1913—1945 年期间,除了福州海景飞潜学校外,全国各大高校开设航空工程教育的主要有清华大学航空组、南京中央大学航空工程系、上海交通大学航空系、天津北洋工学院航空工程系、西北工学院航空系、浙江大学航空系、四川大学航空系、云南大学航空系。1952 年 6—9 月,中华人民共和国政府大规模调整了全国高等学校的院系设置,把中华民国时期效仿英式、美式构建的高校体系改造成效仿苏联式的高校体系,直至后来形成航空六大院校:北京航空航天大学、南京航空航天大学、西北工业大学、沈阳航空航天大学、南昌航空大学、郑州航空工业管理学院。截至 2018 年全国开设飞行器制造工程专业的学校有 32 所。

从学科角度来看,我国高等学校本科教育专业设置按"学科门类""学科大类(一级学科)""专业(二级学科)"三个层次来设置。学科门类主要用于授予学位(学士、硕士、博士)。2020年 2 月 21 日,教育部发布《普通高等学校本科专业目录(2020 年版)》,该专业目录在《普通高等学校本科专业目录和专业介绍(2012 年)》的基础上,增补了近年来批准增设的新专业。航空宇航科学与技术一级学科包含了以下几个专业:

082001 航空航天工程;

082002 飞行器设计与工程;

082003 飞行器制造工程;

082004 飞行器动力工程;

082005 飞行器环境与生命保障工程;

082006T 飞行器质量与可靠性;

082007T 飞行器适航技术;

082008T 飞行器控制与信息工程(2015);

082009T 无人驾驶航空器系统工程(2016)。

1.4.3　飞行器制造工程专业在西安航空学院的历史沿革

西安航空学院"飞行器制造工程"专业于 2012 年 9 月申请获批准成立,其前身为 1955 年建校初期设立的"航空附件制造专业"(十四专科)和"航空军械专业"[六(八)专科]。后来组建了"飞机制造技术"专业,2012 年依托飞机制造技术和飞机制造工艺两个专业成立了飞行器制造工程专业,2016 年又分设了飞行器制造工程(航空维修工程)方向。

1.4.4　发展前景

人类很早就有在空中像鸟类一样飞行的理想,具体体现在古希腊的阿尔希塔斯所制造的机械鸽、澳大利亚的飞去来器、中国的孔明灯和风筝。在中国古代,有人在文学著作中描述了飞行的理想,还有人设计了一些大型的风筝飞行器,试图实现这种脱离大地束缚的理想。明朝的万户就设计了一种将几十支携带火药的火箭绑在椅子上,手拿风筝进行飞行的试验。世界上最早的飞行器是中国发明的风筝。15 世纪,意大利的列奥纳多·达·芬奇也曾设计过飞行器。

现代飞行器的发展,得益于 19 世纪工业革命带来的科学和技术的巨大飞跃。19 世纪,不断有人试图突破空气的束缚,但都失败了。随着内燃机的发明和广泛应用,在空气中的飞行也逐渐成为可能。1903 年,莱特兄弟率先在美国制造出能够飞行的飞机,实现了飞行的梦想。随后,飞机及其相关的科学和技术,得到了飞速的发展,主要体现在以下几方面:

(1)新材料、新结构的关键制造技术加速发展,通过新技术增强航空产品的内在品质,注重开发新型整体结构,开发复合材料。

(2)发展智能制造技术,提高产品的制造水平,云计算、数字化、智能化的制造技术已经成为国际制造业发展的大趋势。

(3)将"互联网+"技术与航空制造业紧密结合,实现航空制造技术的智能化、网络化和集成化发展。发展以信息技术与制造技术深度融合的"两化"发展战略,对于航空制造业来说既是挑战也是机遇。

(4)我国航空制造业为了提升产品的市场竞争力,注重推行现代生产管理模式,将先进的管理方法、管理思路应用于航空制造业。

(5)航空制造企业在国家创新驱动发展战略的大背景下,从技术入手,加强技术创新的能力。

1.5　本课程的设置目的

本课程的设置目的是让学生对飞行器制造工程专业有全面的了解,掌握本专业的知识体系,了解飞行器制造技术包含的数控和柔性制造系统加工、塑性成形加工、智能/数字化装配技术、复合材料构件制造技术、数字化测量技术等,了解飞机制造未来的发展趋势,提高学生对本专业的认识,为后续课程的学习奠定基础。

第2章 飞行器制造工程专业的知识体系

飞行器制造工程专业的主要目标是培养航空制造工程师、航空维修工程师和与飞行器制造相关领域的工程技术人员,按照本专业的能力要求、素质要求,以及人才培养体系、基本知识结构,使学生掌握本专业的知识构架和脉络。

2.1 飞行器制造工程专业的能力要求

作为一名未来的航空制造工程师或航空维修工程师,应着重锻炼并具备创新、综合、工程和自学等四项基本能力。

2.1.1 创新能力

航空产业是国家高新技术产业,创新发展是航空业的主旋律,创新是航空制造技术发展永恒的主题,因此创新能力是飞行器制造工程专业学生应具备的一种基本能力。

创新能力是指人在认识与实践过程中表现出来的、产生新成果的思维与行为的能力。从创新过程的角度来看,创新能力反映了一个人分析和解决问题的能力;从心理学的角度来看,创新能力反映了存在于其创造性人格之中的一种综合能力;从创新成果的角度来看,创新能力产生的成果具有新颖性和社会经济价值。创新能力有三个基本要素,即基础能力、思维能力和行为能力。

(1)基础能力是目前大学本科教育的重点。飞行器制造工程专业根据培养目标,设置了系统的理论课程体系,能够满足飞机零部件工艺设计、制造和飞机装配所需要的基础能力。

(2)思维能力是一种可以培养和训练的特质,主要包括创新意识和探索精神。飞行器制造工程专业主要通过专门训练环节和课程教学中潜移默化的影响,引导学生独立思考,并充分利用已有知识进行工艺装备的创新设计,激发学生创新的潜力和悟性。

(3)行为能力指将一个创新性思想变为现实需要的实践和技法。本专业特别注重实践教学和创新技法的训练与培养,为此,西安航空学院建立了大学生航空数字化设计与制造仿真实验室,配备了专业的指导教师,开设了相关的创新训练课程以及科技创新实验,为创新能力的培养提供了必要的物质条件。

2.1.2 综合能力

飞行器制造是一门综合学科,包括了机械加工、装配、检测等多个组成部分,制造理论和方法又涉及数学、力学、机械学、材料科学、电工与电子技术、计算机技术和管理等众多学科。

综合能力是指将不同的知识融会贯通并综合运用,平衡、协调地解决理论和工程实际问题的能力。本专业的培养计划十分注重各知识点的衔接,开设不同类型和规模的综合性实习与实验,培养学生系统且全面地看待、分析和解决问题的综合能力。

2.1.3　工程能力

飞行器制造是一个创造性的过程,同时也是一个系统工程。系统工程往往不像理论问题那样单纯,它需要考虑各种各样的因素,一般很难用一个现成的理论彻底解决某个制造问题。另外,制造过程中很多参数都是通过无数次的试验总结出来的,影响因素多方面交织在一起。因此,一个优秀的航空制造工程师是一个处理工程问题的能手。

解决工程问题的能力是指从本质上掌握工程问题与理论问题的区别与联系,并正确运用理论来有效地解决工程问题。尽管个人的工程能力与其成长环境和先天特质有关,但任何人的工程能力都可以通过培养而得到提高。本专业通过理论教学与航空制造、航空维修等实际问题相结合以及工程实习、现场课、研究性实验等环节培养学生的工程能力。

2.1.4　自学能力

飞行器是一个高科技产品,新技术往往会在飞行器制造上首先得到应用。因此飞行器制造人员时刻面临着新技术的挑战,只有不断地自我学习和自我完善才能跟上时代的步伐,才有可能成为新技术的运用者。

作为一名航空制造工程师、航空维修工程师,自学的动力与工作性质相伴,但是要使自己成为一名具备很强自学能力的人,还需要培养自己的学习坚韧性、思维逻辑性和工作条理性,需通过思索才能得出答案。

2.2　飞行器制造工程专业的素质要求

能力主要以知识作为基础,而素质以人的心理和心理实际为基础。要成为一名合格的飞行器制造工程师,除了要具备扎实的知识和突出的能力外,还必须具有良好的素质。作为一名优秀的航空制造工程师或航空维修工程师应具备协作精神、全局观念和国际视野等素质。

(1)协作精神。如前所述,飞行器制造是一项复杂的系统工程,需要协调各种各样的矛盾,需要梳理错综复杂的关系。飞行器制造是一项庞大的工程,需要多部门的协同工作。因此,只有能够听取并正确取他人的合理意见,才能成为合格的航空制造工程师。

(2)全局观念。全局观念即掌握系统方法论。飞行器制造工程师都是某个制造领域的专家,但不能囿于其知识背景和工作经历而轻视其他方面的意见。通常,各制造人员都会认为自己的工作很重要,这无可非议,但从全局的观点来看,每位制造工程师的工作又都是整个飞行器制造的组成部分。因此从完整性的角度来说,每一个部分的制造都同样重要,只是不同部分的制造难度不同而已。

(3)国际视野。航空技术一直是国际竞争的焦点。近年来,在世界范围内兴起了新技术革命浪潮,展开了全球性的经济、军事、政治竞争,高新技术在航空业中广泛应用并呈现出多种技术综合化的特点。因此,一个优秀的航空制造工程师还应该具有国际视野,从国家的安全利益和经济利益出发,进行飞行器的生产制造。

2.3 飞行器制造工程专业的人才培养体系

飞行器制造工程专业已建立了完备的三级人才培养体系,涵盖了大学本科、硕士和博士人才,可授予工学学士、硕士和博士学位。获得博士学位后,还可以到博士后流动站从事专业研究。

2.3.1 本科人才

本科专业名为"飞行器制造工程",属于工学的航空航天类,学制 4 年,毕业后,学生被授予工学学士学位。

本科阶段该专业主要开设工程制图、理论力学、材料力学、机械原理、机械设计、航空工程材料、电工与电子技术、航空制造工程基础、飞机钣金成形原理与工艺、飞机装配工艺学、复合材料制造技术、计算机辅助飞机制造以及模具设计与制造等课程。

本科阶段要求学生较好地掌握飞行器制造的基础理论、专门知识和基础技能,养成严谨求实的科学态度和作风,具有从事飞行器制造科学研究工作或担负专门技术工作的基本能力。

2.3.2 硕士人才

硕士学科名称为"航空宇航制造工程",隶属于航空宇航科学与技术一级学科,学制为 2～3 年,大多数为 2.5 年,毕业后,学生被授予工学硕士学位。

硕士阶段该专业主要开设矩阵论、数值分析、数理统计、弹性理论基础、金属塑性成形力学、金属塑性变形的物理基础、弹塑性稳定理论、弹塑性有限元法及应用、计算机辅助塑性成形、超塑性成形及扩散连接、飞行器结构胶接技术、现代飞行器制造技术、软件工程基础、软件开发技术、计算机辅助几何设计、计算机辅助制造技术、计算机图形学、微机接口技术、数据结构、计算机网络及数据库基础、计算机仿真技术、模具 CAD/CAM 以及质量控制等课程。

硕士人才应具有现代航空航天器制造工程方面坚实的基础理论和系统的专门知识,了解现代飞行器制造技术的现状和发展趋势,并能应用计算机信息技术和先进的实验手段,从事飞行器制造及相关领域的研究、开发工作;较为熟练地掌握一门外国语言,能阅读本专业的外文资料;具有一定的科研工作能力和严谨的科学态度与作风;能从事本专业或相邻专业教学工作;具有从事飞行器制造学科和相关学科领域的科学研究能力或独立担负专门技术工作的能力。

2.3.3 博士人才

博士学科名称为"航空宇航制造工程",隶属于航空宇航科学与技术一级学科,学制为 3～4 年。实际时间因人而异,差别较大,毕业后,学生被授予工学博士学位。

博士阶段该专业开设现代科学与学科发展前沿、现代数学基础、CAD/CAM 的理论与技术基础、塑性成形理论进展、板料成形模拟理论与技术、金属物理、现代飞行器制造技术与系统、现代制造工程理论与技术、并行工程及其关键技术、面向对象技术与方法学等课程。

博士人才应具有现代航空航天器制造工程方面坚实而宽广的基础理论和系统且深入的专门知识,深入了解现代飞行器制造技术的现状、发展趋势和研究前沿,并能熟练地应用计算机信息技术和先进的实验手段,从事飞行器制造及相关领域的有创新性的研究开发工作;至少掌握一门外国语言,能熟练地阅读本专业的外文资料,具有一定的写作能力和进行国际学术交流的能力;具有独立从事科研工作的能力和严谨的科学态度和作风;具有严谨、求实的科学态度和作风,具有独立从事科学研究工作的能力。

2.3.4　博士后人才

博士后流动站设立于航空宇航科学与技术一级学科,每期 2 年左右。博士后研究人员的身份是工作人员,而非学生。他们是获得博士学位后进入与其博士学科相同的学科点专门从事探索性、开拓性和创新性科学研究的正式职工,因此"博士后"是一种经历,而非学历。

2.4　飞行器制造工程专业的基本知识结构

2.4.1　专业知识体系

在专业学习方面,飞行器制造与工程专业的主要学习任务如下:

(1)掌握飞行器工作的基本原理;

(2)知晓飞行器制造的详细过程;

(3)能够独立完成飞行器部件的制造工艺设计;

(4)具备从事飞行器制造研究的基本知识;

(5)了解飞行器制造理论和技术的发展趋势;

(6)了解飞行器三维数字化制造的相关常识。

根据飞行器制造工程人才的知识、能力、素质要求,拟定出本专业学生在校期间获得的知识结构(即必备的知识点系列),再根据知识点的相互关系,由 1 个或数个知识点构成 1 门课程(广义的课程包括课堂授课、实验/试验、实习、自学、设计等),进而形成课程体系。

课程体系指的是将不同课程按照门类顺序排列,它是教学内容和进程的总和,是培养目标的具体化和依托,它规定了培养目标实施的规划方案。飞行器制造工程专业课程教学链见表 2-1。

表 2-1　飞行器制造工程专业课程教学链

类别	课程名称	课程属性
认知	飞行器制造工程专业导论、航空企业认知实习	专业认知
基础	大学英语、高等数学、大学物理、材料力学	工科基础
	工程制图、机械原理、机械设计、互换性与技术测量	机械类基础
	CAD 技术及应用	设计类基础
专业	飞机结构与系统、航空发动机原理	专业理论
	机械原理、工程图学、无损检测	专业技术
制造	钣金成形技术、数控加工技术、飞机制造工艺学	飞行器制造

续表

类别	课程名称	课程属性
综合设计	DELMIA 技术及理论、3D 创新设计	实践中自学知识
	毕业设计	专业综合训练

2.4.2　课程结构

依据"重基础、宽口径,突出工程和创新,强调课程综合化,产、学、研一体化和国际化,注重制造、新材料和工程技术的融合"的原则,设计了本专业课程的知识构架。学生可根据人才培养方案,通过课程学习和实践环节,掌握必备的知识和能力,为今后的工作打下基础。根据课程平台属性进行划分,飞行器制造工程专业的课程结构见表 2-2。

表 2-2　飞行器制造与工程专业的课程结构

知识结构	知识要求	核心课程
通识教育	具有较扎实的自然科学基础、较好的人文与社会科学基础	思想道德与法治、马克思主义基本原理、"四史"教育、中国近代史纲要、毛泽东思想和中国特色社会主义理论体系概论、计算机文化基础、大学英语、大学语文、创新创业基础等
学科与技术基本教育	比较系统地掌握本学科所必需的理论基础知识,为后续专业课程的学习奠定基础	高等数学、大学物理、线性代数、电工电子技术、工程制图、理论力学、材料力学、航空工程材料、机械原理、机械设计、互换性与技术测量
专业教育	较系统地掌握金属塑性成形、飞机钣金成形、飞机装配等方面的专业知识	飞机结构与系统、计算机辅助飞机制造、航空制造工程基础、飞机钣金成形工艺、飞机装配工艺学

2.4.3　主干课程

主干课程是指专业教学计划中起核心作用的课程,是专业存在的充分且必要的条件。主干课程学时数占总学时的 35%～45%,通常每个学期安排 1～3 门主干课程,飞行器制造工程专业的主干课程见表 2-3。

表 2-3　飞行器制造工程专业主干课程

课程平台	课程名称
通识教育	思想道德与法治、马克思主义基本原理、"四史"教育、中国近代史纲要、毛泽东思想和中国特色社会主义理论体系概论、计算机文化基础、大学英语、大学语文、创新创业基础等
学科与专业基础	高等数学、大学物理、线性代数、电工电子技术、工程制图、理论力学、材料力学、航空工程材料、机械原理、机械设计、互换性与技术测量
专业教育	飞机结构与系统、计算机辅助飞机制造、航空制造工程基础、飞机钣金成形工艺、飞机装配工艺学

专业核心课程简介见表 2-4。

表 2-4　主干课程简介

序号	课程名称	学时	学分	前导课程	课程描述
1	航空制造工程基础	48	3	工程制图、互换性与技术测量	本课程以介绍有关飞机制造技术的基础知识、基本理论和基本方法为主线,以培养学生分析和解决有关飞机制造问题的基本能力为目标,力求使学生通过该课程的学习能够对飞机制造技术有一个基本的把握
2	飞机结构与系统	48	3	工程制图、互换性与技术测量	该课程主要学习飞机结构的基本组成及其元件,了解飞机构件的传力路线。学习飞机液压与气压传动系统、飞机操纵与飞行控制系统、飞机燃油系统和飞机环境控制系统等飞机系统知识,要求学生掌握飞机各系统的功能、组成和工作原理,培养学生具备利用飞机结构与系统知识解决飞机结构和系统中出现的故障的基本能力
3	计算机辅助飞机制造	48	3	工程制图、计算机辅助设计、航空制造工程基础	本课程学习计算机辅助制造的基本知识:计算机辅助制造的现状及发展,零件数控加工程序的编制知识,零件数控加工程序的编制,现代 CAD/CAM 的自动编程技术。通过本课程的学习,使学生掌握计算机辅助制造的基本原理和基础知识;学会合理地使用计算机辅助数字化制造软件,并培养学生达到掌握数字化制造的能力
4	飞机钣金成形原理与工艺	48	3	高等数学、大学物理、工程制图、飞机结构与系统	本课程以金属塑性成形理论为基础,以飞机金属薄板零件为制造对象,以培养学生分析和解决问题的能力为目的,理论紧密联系实际地重点论述金属薄板零件的成形技术
5	复合材料制造技术	48	3	工程制图、飞机结构与系统、航空制造工程基础	本课程以飞机常用复合材料为基础,介绍复合材料(包括聚合物基复合材料、金属基复合材料和陶瓷基复合材料)加工技术的基础知识以及最新进展情况,为现代制造工程提供帮助,使学生掌握复合材料的制造特点和方法
6	飞机装配工艺学	48	3	高等数学、大学物理、工程制图、飞机结构与系统、飞机钣金成形原理与工艺、复合材料制造技术	本课程以飞机部件装配为主要对象,以培养学生分析和解决问题的能力为目的,理论紧密联系实际地重点论述飞机装配理论与技术。通过本课程的教学,使学生了解和掌握飞机装配的原理及一般方法,为从事飞机制造、飞机装配研究和工厂工作奠定基础

2.5　飞行器制造工程专业的教学安排

西安航空学院飞行器制造工程专业按照航空制造、航空维修、航空复合材料设计与制造三个方向开设专业方向,相关教学安排如图 2-1 所示,涵盖了大一至大四的通识教育课、学科与专业基础课、专业课以及综合实践类课程。

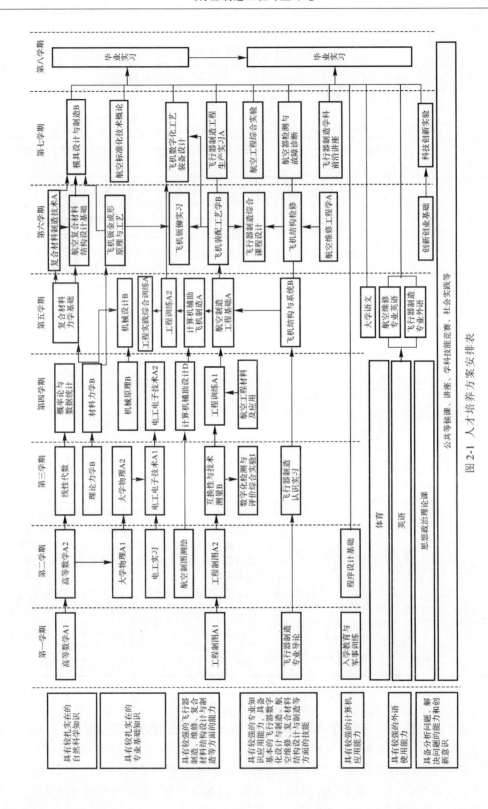

图 2-1 人才培养方案安排表

第3章 飞机的制造模式

3.1 传统的飞机制造模式

飞机制造技术及其模式是随着一个国家科学与技术的进步而不断发展的,社会的需求和市场的竞争也推动着飞机制造技术的不断更新和制造模式的不断改进。

3.1.1 飞机研制工作的一般过程

在航空科学高度发达的今天,研制一种新型飞机,从设计方案的提出到试制生产和投入使用,一般都要经过几年,有时甚至是十几年的时间,这是一个很复杂的过程。简单地归纳起来,飞机研制工作的一般过程大致如图3-1所示。飞机研制各阶段的关系如图3-2所示。

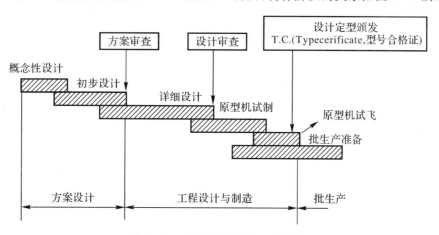

图 3-1 飞机研制工作的一般过程

按设计工作内容的粗细程度和大致的先后次序来分,飞机设计工作可以划分为以下三个不同但又有内在联系的阶段。

(1)概念性设计(Conceptual Design);

(2)初步设计(Preliminary Design);

(3)详细设计(Detail Design)。

在飞机开始进行设计之前,由使用部门提出或由使用部门与设计部门共同拟定飞机的设计要求,在概念性设计阶段要对飞机的设计要求进行充分的分析、研究和论证,有的文献把这部分工作称为"外部设计"。

概念性设计阶段的任务是根据飞机的设计要求,对所要设计的飞机进行全面的构思,形成粗略的飞机设计方案的基本概念,并草拟一个或几个能满足设计要求的初步设计方案。具体的工作内容包括:初步选定飞机的形式和进行气动外形布局;初步选择飞机的主要基本参数;选定发动机和主要的机载设备;初步选择各主要部件的几何参数;粗略绘制飞机的三视草图;初步考虑飞机的总体布置方案并进行初步的性能估算,检查是否符合飞机设计要求给定的性能指标,然后对所拟定的初步方案进行修改与整理,组织专门的评比和论证小组,选定最合理的方案,经主管部门批准后,继续进行下一阶段的设计工作。

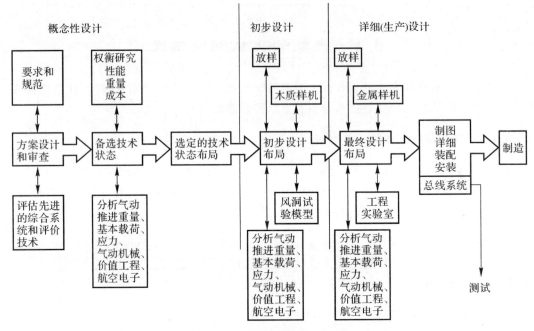

图 3-2　飞机研制各阶段关系

概念性设计阶段的工作通常多限于纸面上,不做很多试验,所需费用较少。为了缩短设计周期,可以用计算机进行辅助设计,采用已有的程序系统选择参数、估算性能和修改外形布局。因此,在这个阶段,通常可以多选择几个方案进行对比,经过充分的论证后,从中选出具有足够的先进性和实际可行的、最理想的初步方案作为进一步的设计基础。这个阶段的工作虽然花钱和耗时都不很多,但是非常重要,一般对飞机设计工作具有全局性影响的重大决策,有很大一部分都是在这个阶段做出的。

初步设计阶段的任务是对前面草拟的飞机设计方案进行修改和补充,使其进一步地明确和具体,最终给出完整的飞机总体设计方案。这一阶段的主要工作包括修改、补充和完善飞机的几何外形设计,给出完整的飞机三面图和理论外形;全面布置与安排各种机载设备、各个系统和有效载荷;初步布置飞机结构的承力系统和主要的承力构件;进行较为详细的重量计算和重心定位;进行比较精确的气动力性能计算和操纵性、稳定性的计算;给出详细的飞机总体布置图。在此设计阶段,通常还要对飞机及其各系统进行一系列的试验研究工作;制造吹风模型进行大量的吹风试验;有时还需要制造全尺寸的样机,供协调各系统和内部装载布置之用。因此,与前一阶段的工作相比,这一阶段要耗费较多的时间和资金,并且需要各有关专业部门的配合和参与,协调解决在设计中所遇到的各种技术问题,经过多次反复,最终给出完整的总体设计方案。由于其各种图纸和技术文件已经过多轮的修改,并且经过了专项试验的验证,故可作为正式的方案提交审查和论证。论证通过后,飞机总体方案的设计工作告一段落,可以转入下一阶段进行详细设计。

详细设计(也称作生产设计)阶段的工作主要是进行飞机的结构设计,包括部件设计和零构件设计。设计完成后,要给出飞机各个部件及各系统的总图、装配图、零件图和详细的重量计算及强度计算报告。此阶段的工作量很大,要进行静强度、动强度和寿命试验以及各系统的地面台架试验,等等。如发现问题,要对原型机进行修改,把问题解决后,再进行试飞。试飞合格后,按照实际和试飞的情况,对设计进行最后的修改,并申请设计定型,由国家有关部门审查,发给型号合格证书(Type Certificate)。至此,整个设计过程完成,下一步是转入批量生产。

如前所述,飞机研制是一个很复杂的过程。通常为了方便,把整个飞机研制工作划分为若干个阶段。研制工作阶段的划分与各飞机公司工程部门的组织分工有关,因此各阶段的名称和内涵也不统一。

飞机研制工作具有下述特点。

(1)性能良好的飞机是先进科学技术和创造性劳动的产物。

飞机的研制工作必须要具有创造性,这是十分明显的。假如飞机研制方案没有创新、没有特色,与现有的飞机相比没有什么新颖的东西,那也就使飞机研制工作从根本上失去了意义。我们不能指望在落后的设计方案的基础上,研制出先进的飞机来,特别是在世界航空领域存在激烈竞争的今天,飞机设计工作中的创造性显得尤为重要。因此,飞机设计工作者具有创新的精神,勇于探索,能进行创造性的构思,并且有渊博的理论知识和丰富的实践经验,对于保证设计的成功,或者说对于保证研制工作具有创造性,无疑是很重要的。但是,换一个角度来看,由于现代飞机设计是一种复杂的系统工程,和普通、简单的工程设计及一般的美术作品的创造过程不同,仅仅靠作者的热情和丰富的想象力是不行的,必须要有先进的科学技术和强大的工业基础作后盾,才能保证创造的成功。也就是说,在飞机研制过程中,应设法避免创新的盲目性,尽量减少因无根据的决策而带来的风险。因此,在研制中所采用的各种新技术都要经过预先研究,或是在设计过程中广泛进行试验加以验证。

航空科学技术预研工作是非常重要的,其目的是为飞机设计工作建立科学技术的储备。没有这种储备,就不可能使所设计的方案真正具有创造性和先进性。例如,在没有研制出可用的喷气发动机和在空气动力研究中没有解决后掠翼的问题以前,突破音障、设计超音速飞机只能是空想。

(2)飞机研制工作是一个反复迭代、逐步逼近的过程。

实际上,在整个飞机的研制过程中,各设计阶段之间也要进行反复迭代、逐渐逼近目标。例如,在飞机总体方案初步确定后,要进行飞机的详细设计,在详细设计阶段,要完成飞机各部件、各系统和零构件的设计,这就需要进行大量的、精确的计算工作和试验研究,所得的精确的几何数据和重量数据又成了进一步修改和完善总体方案的依据。根据这些详细、精确的数据,才能最终完成飞机的重量计算、重心定位和内部布置的工作。因此,这也是一个更大范围内的反复迭代、逐渐逼近的过程。总之,可以说反复迭代、逐渐逼近是整个飞机研制工作的一大特点,而在总体方案设计阶段尤其明显。飞机设计工作之所以具有这种特点,是飞机设计要求的多样性和矛盾性造成的。一架飞机各方面的设计要求非常多,无论是在飞行性能、使用和维护性能、安全性、经济性还是军用飞机的作战性能等各方面都有一系列的具体要求,而各种要求之间又往往是互相矛盾的。例如,要增大飞机的飞行速度,就需要减少机翼的面积,采用相对厚度较小的翼型,这就与降低起飞着陆速度、减小滑跑距离的要求相矛盾。此外,机翼参数还与结构的强度、重量以及内部容积的利用有关。许多因素互相影响,有的互为因果,这就是造成飞机总体方案设计工作需要反复迭代的基本原因。

(3)研制的飞机是多种专业综合和协调的最终结果。

现代飞机的构造过程很复杂,机载设备的种类和所占的比例不断增加,使飞机设计工作涉及空气动力、结构强度、航空发动机、自动控制、电子技术、航空材料及先进制造工艺等多种专业技术领域,需要众多的、不同专业的技术人员参加。因此,现代飞机设计实际上是一种依靠集体智慧进行创造的工作,需要各专业人员之间的分工、合作和密切配合,特别要注意各方面的综合和协调才能成功。如果大家各持己见,只顾自己的专业面而不考虑全局,不注意综合和协调,则一定研制不出好的飞机来。

飞机是一种复杂的工程系统,它由许多个专业的子系统组成,好的飞机设计方案,必然是在对其各个专业子系统进行了综合和协调之后才产生的。众所周知,不进行综合与协调,孤立地把各子系统都搞成最优的,则合成后形成的飞机方案肯定不会是最优的。因此,飞机研制工作,实际上就是一个对飞机的各种设计要求和各个专业进行综合与协调的过程。

上述列举了飞机研制工作中三个阶段的主要特点,当然这些不是全部。飞机设计与制造技术属于应用科学,具有实践性强、理论基础面宽等固有的特性,并且有要求高、难度大、耗费资金多、技术涉及面广、协作关系复杂、工作量大和为适应市场需求不允许研制周期过长等一系列特点。

3.1.2　飞机制造技术的特殊要求

飞机是有动力的、有固定机翼的且重于空气的航空器,它是依靠自身的动力产生升力,克服其自身的重力在空中飞行的特殊机器。它或用于空运人员或物资,或用于空中作战。在结构上有主要用于装载人员、物资和燃料的机身,有主要用于产生升力及装载燃料的机翼,有用于控制飞行方向和保证飞行稳定性的襟翼、副翼、尾翼及其操纵系统,有用于起飞与着陆的起落架及其辅助系统,有用于导航通讯等的仪表,特设系统,有安装了动力装置的发动机短舱(有些飞机没有这一结构,它的发动机装在机身内)。

飞机在空中高速飞行,且具有空运人员、物资或进行空中作战的使用特点,因此它与在地面上使用的一般机械不同,它既要结构安全可靠,绝对保证质量,又要结构轻巧,不能有超过使用强度要求(包括一定的安全系数)的多余质量。此外,其机体外形还要符合空气动力学原理,使飞行中的升力、阻力比达到最大,升力、重力比达到最小。因此,飞机结构不但尺寸大、外形复杂,而且其机体结构主要是由大量形状复杂、连接面多、工艺刚性小,且在加工、装配过程中都会产生变形的钣金件或非金属薄壁零件组成的薄壳结构。这就决定了它对制造过程具有与一般的机械制造不同的特殊要求。

3.1.3　制作实物模型(Mockup)样机

当一个设计组经过研究定出飞机完整外形(至少已有三面图形),并确定了其他初步的设想后,就可以着手建造飞机的实物模型(样机)。建造这种模型的目的主要是使设计人员及工程师们能够正确地调配和使用机内的空间。例如,座椅及货柜的安排,驾驶舱内的设计,机身内的管道、电线及缆索的安装,机翼前、后缘空间的利用,以及可活动部分的运动情形,等等。其中构件、支撑件及机上任何设备都必须准确地安放在适当的位置,这是在一般工程图上无法准确做到的。这样可避免所有构件制造好或选购后,在装配时,若由于构件之间的位置干涉或者其他原因无法安装而必须返工的情况发生,否则不仅会造成经济上的很大浪费,而且会耽误飞机整个研制进度。负责飞机总装配的技术人员,对此应该有着极其深切的体会。

实物模型基本上是飞机的整体或某部分的全尺寸模型。越是复杂的部分越是需要实物模型,如机翼及发动机区域。美国波音公司往往会制造全机的实物模型,如为波音 747、波音 757 和波音 767 都做了全机实物模型。而洛克希德公司的 L-1011 宽机身飞机是把机身与机翼分开的,其机翼部分实物模型又名为"铁鸟",翼面装有前缘缝翼和后缘襟翼,并装有可活动的设备及各种管道,这种实物模型是以金属为主,有些模型上是用木材。至于采用金属还是木材,完全看哪一种方便且经济,并无硬性规定,但所选材料需有一定程度的强度,能承受结构本身质量以及装配时工作人员的质量。另一个常见的实物模型是驾驶舱部分,如波音 767 的飞行员驾驶舱,因为制造飞机前必须确定舱内仪器面板和操纵系统的位置、风挡和窗户的视线以及座椅位置等,这是非常重要的一个部分。这些工作单靠二维图形是无法设计与布置的。

一般情况下,发动机以及机翼前缘和后缘处的操纵装置、电线、缆索、液压导管、防冰热气管等都要在实物模型中进行适当的安排。此外,为维护方便,还要在结构的某些地方开口。因此,如果没有实物模型的帮助,就很难做到有效的设计与安排。

为使民航运输飞机在没有造出前,就能让航空公司以及其他使用人员观赏到机舱内部的实景,以及了解实际旅客使用时是否方便、舒适等,也应制造实物模型。这种样机做好后,邀请有关人员上机"试坐",可事先了解乘客的感受,并根据反馈提出改进意见,从而优化内部装饰、座椅设计和安排。另外,对于各种运输机(专门运输军用物资及车辆)也应做实物模型,利用这种实物样机可以做实际装货和卸货的模拟试验,如洛克希德公司的 C-5A 军用运输机就做了这种模拟试验,以确保设计的正确性。

在军用飞机上,还应考虑机枪、机炮、炸弹及火箭等的安装,这些都须先在实物模型上进行预装。战斗机起落架的收放运动比运输机更复杂(因为战斗机空间小),如美国 L-1011 和 F-104 飞机的起落架(见图 3-3 和图 3-4),它们的运动机构和相关构件都很复杂,若无实物模型则难以安排妥善,无法保证设计正确无误。

利用图 3-5 所示的实物模型(样机),经过各种模拟装配和模拟试验后,反过来再完善设计图纸。从上述介绍的很多关于实物模型的应用情况可知,样机有以下作用:

(1)改良或改进设计。

(2)有效利用空间。

(3)确保有优良的可达到性。

(4)将来能达到完善的维护。

(5)协助设计良好的密封物以及整流罩。

(6)使结构处于最佳位置,获得最有效的设计性能,并避免构件之间出现干涉现象。当设计工作进行过程中需要更改设计时,亦可参考实物模型,以便改进设计。

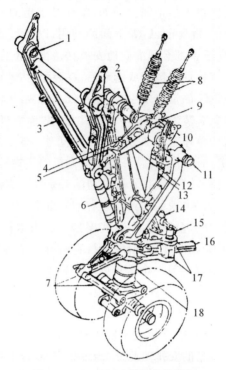

图 3-3 L-1011 飞机前起落架

1—阻力支撑耳轴栓； 2—耳轴管柱； 3—上阻力支撑； 4—上锁滚柱； 5—机械下位锁指示器；

6—下阻力支撑； 7—扭力矩臂； 8—副支撑弹簧； 9—副支撑连杆； 10—稳定器（两个位置）；

11—耳轴栓； 12—副支撑组件； 13—起落架收放机构； 14—操纵阀； 15—耳轴阀（两个位置）；

16—操纵动器（两个位置）； 17—支撑板； 18—减震柱组件

随着飞机设计或研制阶段的进展，要制作不同级别的样机，如美国波音商用飞机公司把样机分为三级。

（1）一级样机（Mockup Class Ⅰ）。

一级样机是用最少的零件、廉价的物料制造全尺寸飞机样机。它供设计人员进行实物研究、熟悉机体情况，并帮助工程设计小组分配各自专业设备的空间。

（2）二级样机（Mockup Class Ⅱ）。

二级样机是全尺寸质量更高的样机，供设计人员在交付设计图纸之前，检查设计内容时使用。各种导管、电线、电缆、液压管路和操纵系统等都安装在内，以保证设计时给出足够的空间余量。制造此样机时使用高级木料、金属或塑料，其制造尺寸也非常接近实际公差尺寸。

（3）三级样机（Mockup Class Ⅲ）。

三级样机是全尺寸金属样机，用以规划和制订精确的制造工艺程序，所用材料几乎全部是生产时用的材料，所有结构和设备都按生产公差要求进行制造。这一全尺寸金属样机是以后飞机投产的原始制造依据，保证所制造的飞机符合外形气动要求、各部件的互换协调以及飞机的各项性能要求。

飞机样机的制作过程是极其费事和耗费资金及时间的，对飞机研制周期影响很大，是飞机制造过程中的关键环节。后面章节中讲述的产品三维数字化定义就是为解决这一关键技术而发展起来的。

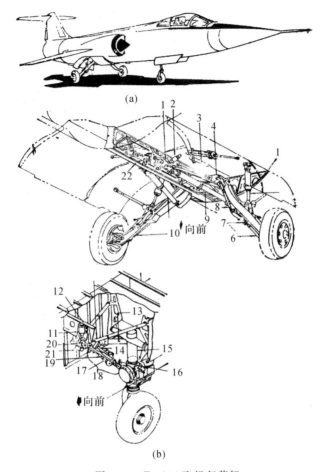

(a)

(b)

图 3-4　F-104 飞机起落架

(a)起落架外观；　(b)主起落架和前起落架的各部分

1—"H"型连杆；　2—下后锁作动筒；　3—上阻力连杆；　4—轭座；　5—液压弹簧；　6—机轮下定位杆；

7—曲柄；　8—机轮上定位杆；　9—阻力支柱作动筒；　10—起落架支柱；　11—上位锁作动筒；

12—下位锁开关；　13—作动筒；　14—上阻力连杆；　15—减震支柱；　16—下阻力连杆；

17—下位锁；　18—阻力支柱组件；　19—下位锁止动器；　20—上位锁开关；　21—上位锁钩；　22—龙骨梁

3.1.4　飞机外形严格的气动要求和结构的互换协调

飞机机翼、尾翼和机身等部件的几何外形参数与飞机的总体设计性能密切相关。机翼翼型及其在机翼上的配置情况对气动特性影响极大。显然，只有选用良好的翼型并进行正确的配置，才可能保证机翼具有良好的气动特性。

通常情况下，进行机翼设计时，要从翼型手册等文献资料中查出有关翼型的几何数据和气动参数，并进行对比分析，选出最能满足设计要求的翼型。一般来说，翼型都是由专门的研究部门给出，其种类和数目是很多的。

在过去的数十年中,飞机设计工作者都是从众多现有的翼型中选定所需要的翼型,几乎不考虑自己设计新的翼型。有时对现有的翼型不尽满意,也无法改动。近年来,这种情况有了变化,在飞机设计过程中有时要修改翼型或创造新的翼型,例如,高速旅客机在市场竞争中,常需要新的翼型以突出其优越的性能。此外,在客观上,随着计算机用于翼型设计,加快了翼型设计的速度,也使在飞机设计过程中修改和创造新翼型(包括预研期间)成为可能。为了在飞机总体设计过程中正确选择翼型或是根据飞机的速度范围、所需的压力分布研制新的翼型,设计者需要全面分析翼型参数对气动特性的影响。

通常,机身是飞机机体结构中构造最复杂的部件,在选择几何参数、确定机身外形时,必须协调以下诸方面的要求:

(1)应该有足够大的内部容积,保证满足内部装载的使用要求。

(2)使气动阻力最小;

(3)有利于进行结构布置,具有足够的结构高度,便于连接和安装机翼、尾翼等其他部件。

虽然要求所设计的机身能够同时、全面地满足各方面的要求,但在对机身外形几何参数进行初步选择时,对于不同的飞机所考虑的侧重点是不同的。对于低速飞机的机身,通常主要按照其内部装载的需要以及连接安装机翼等其他部件的要求进行设计,同时考虑按气动力的要求对其外形进行适当的修正;而对于高速飞机,尤其是超声速飞机则应着重考虑气动外形的要求,同时协调内部装载以及连接其他部件的问题。

这里需要特别强调的是,数十年来当飞机设计人员完成飞机的外形设计后,他们给出的设计结果仅是飞机各部件(机翼、尾翼和机身)的一系列切面数据(型值点列),部分区域给出一些二维曲线方程,而不是全机外形的精确描述。仅根据这样的设计结果(图纸和一系列数据表格),工厂不能直接制造飞机,因而不得不采用传统造船业中的"放样技术"来精确地描述全机外形,即所谓的模线样板工作法,以及后来的建立全机外形数学模型方法,以此作为生产中传递飞机外形和结构几何形状和尺寸的原始依据,如图3-5所示。

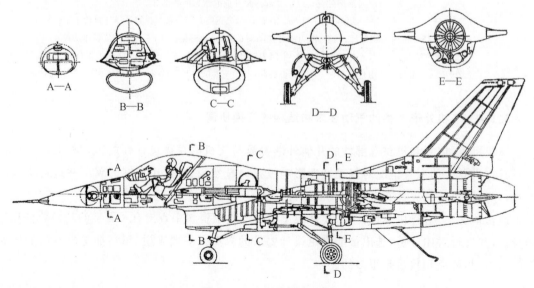

图3-5 飞机总体布置图

在飞机制造过程中,首先其工艺方法应保证飞机气动力外形的准确度要求,即实际制造出来的飞机外形相对于理论外形的偏差应在设计的要求之内。不同的机型及同一机型上的不同部分,准确度要求是不同的。一般高速飞机比低速飞机要求高;在同一飞机上机翼部件比机身类部件要求高;在同一部件上,在最大截面之前的部分比最大截面之后的部分要求高。其次,其工艺方法应满足波纹度和表面平滑度要求。波纹度是指相邻两波峰间波谷深度与波长的比值。表面平滑度包括铆钉、螺钉、点焊等处的局部凸凹和蒙皮对接缝处的阶差等。最后其工艺方法还应保证飞机各部件间相对位置的准确度,它主要包括机翼、尾翼相对于机身的下反角(或上反角)、安装角和后掠角的准确度,各活动翼面相对于固定翼面(安定面)的偏转角、吻合性、配合间隙和剪刀差的准确度,机身各段的同轴度,等等。

由于飞机结构型面复杂、尺寸大、刚度小,以及装配连接时容易产生变形等,因此飞机在制造中保证气动力外形及结构的互换协调比较困难,需要采用一些不同于一般机械制造的特殊方法来保证这些要求。

3.1.5 严格控制飞机的结构重量

除非一个飞机公司的所有工程师都关心重量,否则这家公司就难以研制出性能优良的飞机。固然,工程师能够估计或计算飞机及其组件的重量,但要真正减轻飞机的重量,还得依靠设计师、应力工程师和制造工程师等全体人员的共同努力。由图 3-6 可以看出,重量上很小的差别就能决定飞机的性能是优良还是低劣。一架成功的样机结构和装备若重量增加 5%,由此而引起的燃料或有用载重的减少量,就可能使合同被取消。运输机的总重量极限是规定的,如果增加飞机空重,那么就得减少燃料或有用载重,以求抵偿。

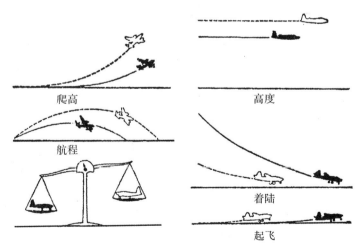

图 3-6 重量在飞机性能中的意义

由历年来飞机结构的重量分析表明:无论是螺旋桨飞机还是喷气飞机,其结构重量在起飞总重(或总飞行重量,指使用中实际达到的所占的百分数)是相同的。因此,在飞机制造过程中的各个环节,都应严格按照设计要求进行,以保证飞机的结构重量及重心位置完全符合设计要求。

3.2 飞机制造的基本方法及其特点

飞机制造过程的主要环节是飞机的装配。飞机装配过程就是将大量的飞机零部件按图纸、技术条件进行组合与连接的过程。由于飞机结构复杂、零件及连接件数量多,而大多数零件在自身重量下刚度较小,组合成的外形又有严格的技术要求,故飞机装配除有一般机械产品装配的共同性原理外,还有一些有别于其他行业的制造特点。

3.2.1 飞机的装配

飞机的机体由数万甚至数十万个零部件组成。根据使用功能、维护修理、运输方便等方面的需要,设计人员将整架飞机在结构上要划分为许多部件、段件和组件。如机身、机翼、垂直尾翼、水平尾翼、襟翼、副翼、升降舵、方向舵、发动机舱、各种舱门和口盖等。它们之间的连接一般都是采用可拆卸的连接方式。上述这些部件、段件和组合件之间所形成的可拆卸的分离面称为设计分离面,如图3-7所示,它大体上是按设计分离面绘出的飞机结构分解图。

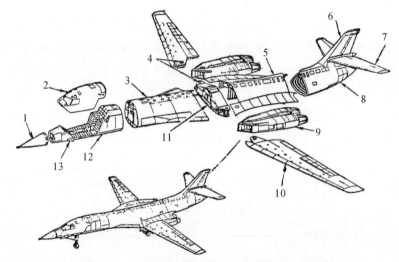

图3-7 B-1(可变后掠翼)军用飞机结构分解图

1—雷达天线罩; 2—乘员(救生)舱; 3—中机身前段; 4—变后掠枢轴区;
5—中机身后段; 6—垂直安定面; 7—水平安定面; 8—后机身; 9—吊舱(每吊舱两台发动机);
10—外翼; 11—机翼贯串部分; 12—前机身; 13—低空飞行操纵舵

在一般机械制造中,由于绝大部分零件是形状比较规则、刚性比较大的机械加工件,在制造、装配过程中不易产生变形。产品的制造方法是利用机床设备,按工程设计图纸上的尺寸和公差,直接加工出产品的零件,再由装配钳工按零件的配合关系装配起来。在装配时不采用或很少采用夹具。产品的装配准确度主要取决于零件的制造准确度。其装配误差,按尺寸链理论由零件制造误差积累而成。

在飞机制造中,由于飞机结构的特点,除了那些形状规则、刚性好的机械加工零件外,大多数零件,特别是那些形状复杂、尺寸大、刚性小的钣金零件,都必须用体现零件尺寸和形状的专用工艺装备制造,以保证其形状和尺寸的准确度要求。其装配过程也与一般机械制造不同。

为将那些形状复杂、尺寸大、刚性小、易变形的零件装配成形状和尺寸符合设计准确度要求的产品,不但需要采用体现产品尺寸和形状的专用装配型架对产品进行装配,而且不能在一个工作地、用一台装配型架完成整个机体的装配工作,而是需要将其划分为许多较小且简单的板件和组件进行装配。除飞机机体按设计分离面划分为部件、段件和组件外,为了满足生产上的需要,需将部件进一步划分为段件,段件进一步划分为板件和组件。如机身和机翼的壁板、框、翼肋、梁、机身下部,以及机翼的缘、后部、翼尖等。这些板件、段件或组件之间一般采用不可拆卸的连接,它们的分离面称为工艺分离面。图 3-8 大体上按工艺分离绘出了 L-1011 飞机的结构分解图。

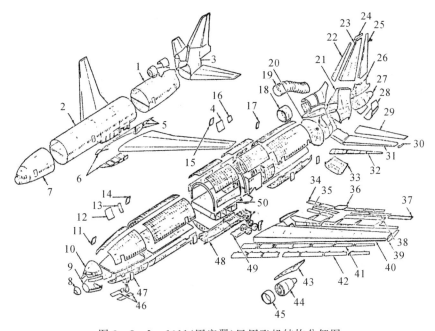

图 3-8　L-1011(固定翼)民用飞机结构分解图

1—后机身；　2—中机身；　3—机身尾端；　4—中货舱舱门<2>；　5,6—整流罩；　7—前机身；

8—雷达天线罩；　9—乘员舱下部组件；　10—乘员舱上部组件；　11—客舱舱门<2>；

12—前货舱舱门<1>；　13—厨房舱门<1>；　14—客舱舱门<3>；　15—客舱舱门<4>；

16—后货舱舱门<3>；　17—紧急出口舱门<5>；　18—发动机进气口；　19—S 形进气道；

20—后隔框；　21—机身尾端结构；　22—垂直尾翼前缘；　23—垂直安定面；　24—翼尖；

25—方向舵；　26—2 号发动机支持结构；　27—2 号发动机；　28—2 号发动机整流罩；　29—升降舵；

30—水平尾翼尖；　31—水平安定面；　32—水平尾翼前缘；　33—辅助动力装置舱门和壁板；

34—扰流板(6 块)；　35—襟翼的缝翼(4 块)；　36—内侧副翼；　37—外侧副翼；　38—襟翼；

39—机翼翼尖；　40—机翼外侧壁板主框架；　41—前缘缝翼(7 块)；　42—机翼前缘；　43—吊架；

44—1 号发动机；　45—1 号发动机整流罩；　46—前起落架舱门；　47—客舱舱门<1>；

48—内龙骨组件；　49—主起落架舱门；　50—机翼中部主框架

　　图 3-9 和图 3-10 所示是按工艺分离面把机翼划分成段件和板件的示意图,图 3-11 是按工艺分离面把机身划分成段件和板件(或组合件)的示意图。整架飞机装配流程图如图 3-12所示。

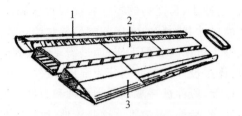

图 3-9　机翼划分成段件的示意图

1—前段；　2—中段；　3—后段

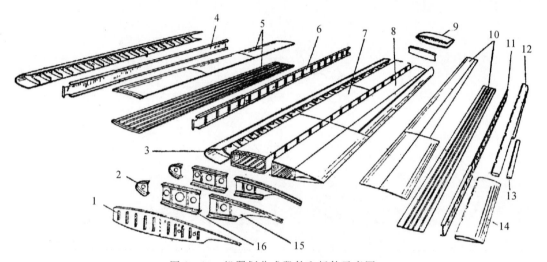

图 3-10　机翼划分成段件和板件示意图

1—翼肋；　2—前缘翼肋；　3—机翼前缘；　4—机翼前梁；　5—机翼中段上、下壁板；

6—机翼后梁；　7—机翼中段；　8—机翼后段；　9—翼尖；　10—机翼后段上、下壁板；

11—机翼后部纵墙；　12—副翼；　13—副翼调整片；　14—襟翼；　15—翼肋后段；　16—翼肋中段

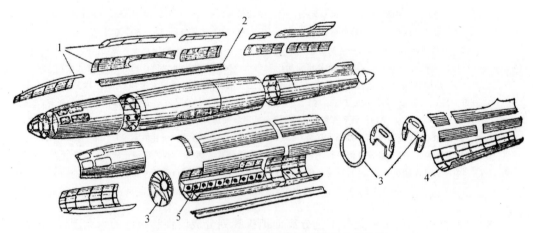

图 3-11　机身各段划分为段件和板件的示意图

1—侧板件；　2—中段大梁；　3—隔框；　4—机身后段下板件；　5—机身中段下板件

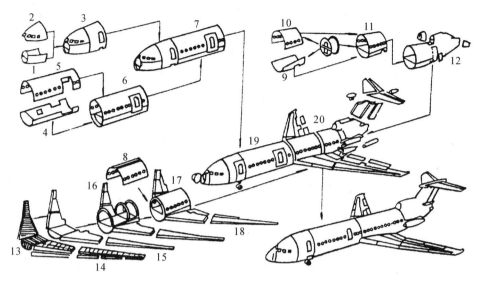

图 3-12 某客机装配流程示意图

1—机头下部装配； 2—座舱； 3—机头部分总装； 4—前机身下壁板装配； 5—前机身上壁板装配；
6—前机身上、下壁板对合； 7—前机身总装； 8—机身中段上壁板装配； 9—后机身下壁板装配；
10—后机身上壁板装配； 11—后机身上、下壁板对合； 12—后机身总装； 13—机翼骨架装配；
14—外翼骨架装配； 15—机翼、外翼蒙皮装配； 16—机身中段下部结构装配； 17—机身中段安装左、右侧壁；
18—机翼和外翼对合； 19—前机身、机身中段、后机身对合； 20—尾翼的安装

若工艺分离面划分合理,这种将整架飞机的各部件按工艺分离面进一步划分成段件、板件和组合件的做法,将有着明显的技术经济效果,便于安排和组织生产。

(1)这种做法增加了平行装配工作面,为提高装配工作的机械化和自动化程度创造了条件。现在国内外已设计出各种形式的自动铆接机。有的铆接机自动化程度很高,可钻孔、划窝、送铆钉、铆接以及铣平埋头铆钉钉头等。若在铆接机上配置专用托架及计算机控制装置,可以自动调平,自动确定钉孔位置,进一步还可自动调整工艺参数。但现有铆接机一般只适用于板件结构,故部件板件化的程度已成为评定结构工艺性的重要指标之一。

(2)由于这种做法改善了装配工作的开敞性,故有利于提高产品的装配质量。当部件划分为板件后,装配工作的开敞性好,连接工作可以采用机械化设备。以铆接为例,可用压铆代替锤铆,从而改善劳动条件,提高产品质量,缩短装配周期。因此,在结构设计中应尽量提高板件化程度。

在现代飞机结构中,有些部件的板件化程度高达 90%,统计资料显示,这可将劳动生产率提高 1.35~3.3 倍,装配周期缩短 2/3~3/4,连接工作的机械化系数提高 80%。

在飞机设计过程中,对飞机结构的划分工作应进行周密的考虑和研究,以便得出最合理的划分方案,这是一项极为重要的设计任务,因为它不仅要满足结构上和使用上的要求,而且要满足生产上的要求。

飞机结构的划分工作的重要意义不仅仅表现在需要综合考虑结构、使用和生产上的要求,而且表现在其划分结果,涉及强度、质量和气动方面的问题。因此,在决定划分方案时,必须综合研究上述各方面的因素,分析矛盾的各个方面,以求得合理的结构划分方案。

应当指出的是在飞机设计时,必须从成批生产的要求出发,考虑工艺分离面的部位、形式

和数量。试验飞机在设计时,固然还不能肯定会投入成批生产,但如果在设计阶段不考虑成批生产时对飞机划分所提出的要求,那么若在试制以后转入成批生产,再要增减或修改各种分离面的部位和形式,将会产生很大的困难,甚至是不可能的。

对于飞机结构上已具备的工艺分离面,在生产中是否加以利用,也就是在生产上是否按此分离面将工件分散装配,这取决于综合的技术、经济分析结果。例如,在机翼装配阶段,若结构上前、后梁处存在工艺分离面,当产量大时,可将前、后两段分别在两个装配型架上装配,然后将此两段在机翼总装型架上与机翼中段的板件及翼肋等装配成机翼。如在试造或产量小的情况下,为减少装配夹具及型架的品种和数量,各段的装配都在机翼总装型架上完成,无须分段装配。换言之,也就是结构上固然有工艺分离面,但考虑到具体的生产情况,也可以不加利用。

3.2.2　飞机装配准确度

部件准确度的技术要求一般包括以下几个方面。

1. 部件气动力外形准确度

(1)外形要求。

不同型号的飞机,其要求是不同的。图 3-13 所示为高速歼击机各部件的外形要求。由图 3-13 可知,翼面部件比机身部件的外形准确度要求高,部件最大剖面前段比最大剖面后段要求高。

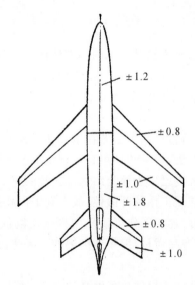

图 3-13　飞机各部件外形要求

外形波纹度是指一定范围内的波高误差,即如图 3-14 所示相邻两波峰与波谷的平均高度值 H 和波长 L 的比值,则有

$$\Delta\lambda = \frac{H}{L}$$

$$H = y_{n+1} - \frac{y_n + y_{n+2}}{L}$$

高速歼击机允许的翼面展向波纹度不大于 $\frac{1}{800}$ mm/mm。由于机翼一般为单曲度部件,

可用直尺沿等百分比弦线,如在 5％、10％、15％、20％、40％、60％和 80％处进行检查。用直尺检查波纹度时,$y_n = y_{n+2} = 0$,故 $H = y_{n+1}$。

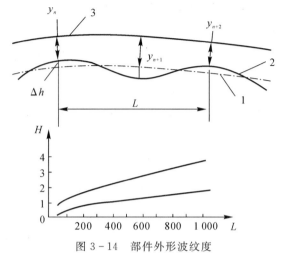

图 3 - 14　部件外形波纹度

1—理论外形；　2—实际外形；　3—等距样板或等距卡板的工作外缘

Δh—外形误差；　L—波长；　H—波深；

y_n, y_{n+1}, y_{n+2}—在相邻波峰波谷处蒙皮外形与等距样板或等距卡板的间距

　　由于要检查出外形的正向误差,所以必须使用等距样板。当要检查各截面间的相对扭转和相对位移时,则必须用部件检验型架或在装配型架上安装检验卡板(即各截面的等距检验卡板)进行检验,这时检验出的外形误差是外形的综合误差。

　　(2)表面平滑度要求。

　　表面平滑度误差包括铆钉、螺钉、焊点处的局部凸凹缺陷,蒙皮对缝间隙和阶差等(见图 3 - 15)。

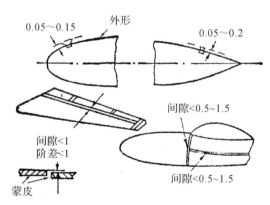

图 3 - 15　表面平滑度要求

　　蒙皮间隙允许值是按平行和垂直气流方向分别规定的,对缝阶差允许值是按顺气流和逆气流方向分别规定的。

　　对结构比较复杂、难以保证精密配合的部位,根据具体情况制定允许值。如"三叉戟"型旅客机的乘客舱门与机身配合处周围的间隙:上部为 7.0±1.9 mm,侧部为 4.4±1.9 mm,下

部为 3.8±2.5 mm；允许与机身的阶差为凸出 2.5 mm，凹进 5.0 mm。

2. 部件内部组合件和零件的位置准确度

部件内部组合件和零件的位置准确度是指如大梁轴线、翼肋轴线、隔框轴线、长桁轴线等的实际装配位置相对于理论轴线的位置偏差。一般规定梁轴线允许的位置偏差和不平度为 $\pm(0.5\sim1.0)$ mm，普通肋轴线的位置偏差为 $\pm(1\sim2)$ mm，长桁的位置偏差为 ±2 mm 等。

3. 部件间相对位置的准确度

表示机尾翼相对于机身位置准确度的参数是上反角 β（或下反角）、安装角 α 和后掠角（见图 3-16）。其允差值一般换算成线性尺寸，以在飞机水平测量时检验。

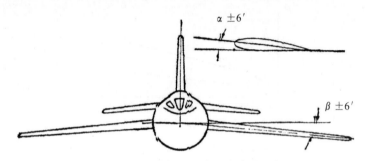

图 3-16　部件间相对位置准确度要求

表示各操纵面相对于固定翼面位置准确度的参数是阶差、剪刀差和间隙（见图 3-17）。表示机身各段间相对位置准确度的参数是同轴度。同轴度本身的要求并不高，一般在几毫米以内，但必须保证各段对接处的阶差不超过表面平滑度的要求。

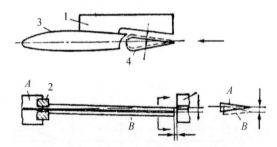

图 3-17　副翼相对于机翼的位置准确度要求

1—检验样板；　2—型架；　3—机翼外形；　4—副翼外形；　A—机翼；　B—副翼

在机体分解中已经介绍过，部件与部件之间一般采用可拆卸连接，故在保证上述部件间相对位置准确度的同时，还必须保证设计分离面，即对接接合的准确度要求。

部件设计分离面，如机身与机翼、机身与机身间，一般采用叉耳式接头或围框式（凸缘式）接头，如图 3-18 及图 3-19 所示。

叉耳式接头的配合要求为：孔与螺栓一般为间隙配合（H8/h7 或 H9/f9 等）。叉耳宽度方向上的配合尺寸有公称间隙时，一般为 0.2~1.0 mm；无公称间隙时，一般为间隙配合。

围框式接头的技术要求为：孔与螺栓的配合通常留有间隙，即孔径公称尺寸比螺栓直径公称尺寸一般大 0.2~0.5 mm。接头对接面允许局部存在 0.1~0.2 mm 的间隙，但接触面积占总面积的比例一般不低于 70%。

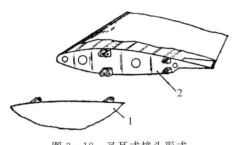

图 3 - 18　叉耳式接头形式

1—外翼；　2—中翼

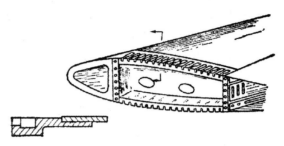

图 3 - 19　凸缘接头形式

可见,部件装配完后,当部件对接时,既要符合部件间相对位置的准确度要求,又要符合对接接合的准确度要求,这在工艺上一般是较比困难的。因此在结构设计时,应仔细地考虑结合面的工艺性。归纳起来,装配准确度的主要内容见表 3 - 1。

表 3 - 1　装配准确度主要内容

项　目	内　容	说　明
气动外缘 准确度	外缘型值要求	部件实际切面外形相对理论切面外形的偏差
	外缘波纹度要求	一定范围内波高的偏差,即相邻两波峰与波谷的平均高度差与波长的比值。部件沿横向和纵向气动外缘均有波纹度要求
	表面平滑度要求	蒙皮口盖对缝间隙及阶差的偏差。顺气流和垂直方向的偏差有不同要求。螺栓(钉)头、铆钉头、焊点有相对蒙皮凸凹量偏差要求
部件相对 位置准确度	机翼、尾翼位置要求	上(下)反角、后掠角、安装角的偏差,以及对称性偏差
	操纵面位置要求	操纵面相对定翼面外形阶差、剪刀差、缝隙间隙的偏差,通常称为操纵面的吻合性要求
内部结构件 位置准确度	基准轴线位置要求	框轴线、翼肋轴线、梁轴线、长桁轴线的实际位置与理论位置的偏差,即框、肋、梁、长桁装配位置要求
结构件间 配合准确度	不可卸零件间配合 要求	零件帖合面之间的间隙偏差
	叉耳对接接头配合 要求	沿耳宽方向叉耳之间的间隙偏差、对接孔的同轴度偏差
	围框式对接接头配合 要求	对接面之间的间隙偏差、对接孔的同轴度偏差
部件功能 性准确度	重量、重心、重量平衡、清洁度、密封性、接触电阻、表面保护、操纵性等	产品图样和设计技术条件所规定的装配技术要求

保证飞机装配准确度相对于保证一般机械产品装配准确度的难点在于:一般机械产品零件刚度大,连接产生的变形小,故装配准确度主要取决于零件制造准确度,按照尺寸链理论,其装配误差由零件制造误差累积而成;而飞机零件一般为钣金零件或薄壁机械加工件,刚度较

小,装配是由大量刚度较小的零件在空间组合、连接的结果,故飞机装配准确度很大程度上取决于装配型架(夹具)的准确度。此外,由于在飞机装配中还有定位和连接产生的应力和变形(如铆接应力和变形、焊接应力和变形),加上装配件从装配型架上取下后还会产生变形等,故在飞机制造中要采取一定的方法和措施保证飞机装配的准确度。

3.2.3　制造准确度和协调准确度的基本概念

零件、组合件或部件的制造准确度是指产品的实际尺寸与图纸上所规定的名义尺寸相符合的程度,符合程度越高,则制造准确度越高,即制造误差越小。

协调准确度是指两个飞机零件、组合件或部件之间相配合部位的实际几何形状和尺寸相符合的程度,此种相符合的程度越高,则协调准确度越高,即协调误差越小。

图 3-20 为中翼和外翼之间的设计分离面。设计规定前、后接头之间的距离为 L,而中翼和外翼制成后实际尺寸分别为 L_1 及 L_2,两者制造误差分别为 $\Delta_1 = L_1 - L$ 和 $\Delta_2 = L_2 - L$。把中翼和外翼对接在一起,接头间的协调误差 $= L_1 - L_2 = \Delta_1 - \Delta_2$。在这个例子里,$L$ 一般为自由尺寸,制造误差 Δ_1 及 Δ_2 一般比较大,协调误差也较大。但协调误差大就不能满足前、后接头在叉耳宽度方向上的间隙要求,可见协调准确度的要求一般要高于制造准确度的要求。

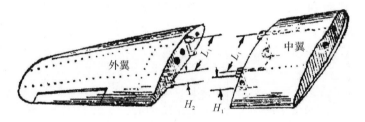

图 3-20　中翼和外翼之间的设计分离面

互换和协调是两个概念。互换是指同一种工件之间的一致性。协调是指相配合的工件之间,其配合尺寸和形状的一致性。协调可以通过相互修配来达到,也可以通过控制制造误差来达到。所以说,可互换的零件一定是协调的,但协调的零件并不一定是互换的。

在成批生产中,采用分散装配的原则,固然带来了一系列优越性,但同时也增加了协调问题。装配过程中,其协调内容一般为:

(1)工件与工件之间的协调。

图 3-21 为机身隔框结构,是上、下两个零件相连接的。这两个零件一般是用橡皮成形模在液压机上成形的。显然,若两个零件相配合处协调误差过大,则无法连接,或不能符合连接处的间隙要求。为保证上述的协调要求,必须使制造这两个零件的模具也是相互协调的。

又如,装配机翼骨架时,要求纵向骨架和横向骨架(如翼梁和翼肋)外形在交点处协调一致,否则蒙皮与骨架就不能很好地贴合,为此制造翼肋的模具和加工翼梁的模具、夹具必须是相互协调的。

(2)工件与装配夹具(型架)之间的协调。

在机翼装配中,其装配过程是:先将前梁由前梁夹具装配成组合件,前梁、前肋及前段蒙皮由机翼前段型架组装成机翼前段,再将机翼前段、后梁及其他零件和组合件在机翼总装型架内组装成机翼。前梁组合件与机翼前段型架的定位器相贴合,为保证机翼前段与机翼总装型架的定位器相贴合,三个夹具(型架)之间应当是相互协调的。

可见,为保证装配工作的顺利进行,有共同协调尺寸的各个工艺装备之间必须是相互协调的,即工艺装备之间的协调。

在生产实践中,往往由于尺寸和形状的不协调,延误了装配进度,故在制定工艺总方案时,对协调问题应予以高度重视。

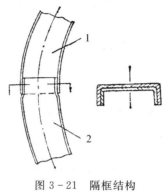

图 3 - 21　隔框结构
1—上框缘；　2—下框缘

3.2.4　提高装配准确度的补偿方法

为保证飞机装配工作的顺利进行,进入装配各阶段的零件、组合件及部件应具有生产互换性。生产互换性是指这些零件、组合件及部件具有这样一种性能:其几何形状及物理机械性能能保持在一定误差之内,在装配时不需任何修配和补充加工,而装配后完全满足规定的技术要求。可见,具有生产互换性的零件、组合件及部件对组织装配工作是十分有利的。因为在装配过程中,可以不对工件进行试装和修配,这样能减少大量的手工修配工作量,节省大量工时,缩短装配周期,有利于组织均衡的、有节奏的生产。因此,在一般机械制造的大批或大量生产中,主要采用生产互换的方法。在飞机成批生产中,也希望尽可能多地采用这种方法。实际上,在飞机成批生产中,许多钣金零件、机械加工件、装配各阶段的装配单元和部件都采用生产互换的方法装配,即在装配中不需要修配及补充加工。

对结构复杂、协调尺寸较多的部位,或在零件、组合件的刚度较小而且装配变形又无法预先估计的情况下,过分提高零件、组合件的制造准确度及协调准确度,在经济上是不合理的,技术上也难以达到。因此,在飞机制造中,也采用了各种补偿的方法。

补偿的方法就是零件、组合件或部件的某些尺寸在装配时可进行加工或调整,以部分抵消零件制造和装配的误差,最后达到技术条件所规定的准确度要求。

在产品准确度要求比较高的情况下,采用补偿的方法,可以在不过分提高零件、组合件准确度的条件下,使装配件在装配以后获得比较高的准确度。这样,装配工作量可能要增加一些,但从零件制造及装配工作综合来看,对技术经济效果还是有利的。

在飞机装配中,常用的补偿方法有以下几种。

(1)修配。

例如机身或机翼的蒙皮,一般尺寸比较大,有时长达 5~6 m,零件刚度又小,而在装配时,蒙皮之间对缝间隙的要求有时又很严,一般要求小于 1.5 mm。如果单靠零件制造的准确度来达到这样的间隙要求,实际上是很困难的。因此在蒙皮制造时,在边缘处留出一定的加工余量,在装配时和相邻的蒙皮相互修配,以达到预定的间隙要求,这就是修配的方法。

在飞机装配中,凡是准确度要求较高的配合尺寸,在零件加工中用一般方法难以达到时,或者在零件制造时虽能达到,但预计由于零件、组合件变形,难以在装配后达到预定的要求时,多半是利用修配的方法来达到,如蒙皮边缘、桁条端头、整流罩边缘、舱盖和舱门边缘等。

图3-20为中翼和外翼部件。为保证这两个部件相对位置的准确度,在试造或小批生产时,也可以通过修配的方法来进行,其方法如下:由于考虑到前梁和后梁在叉耳宽度方向上的间隙容易达到,难点在于孔和螺栓的配合上,所以对接接头上的孔都留有加工余量,用水平测量点通过光学仪器把两部件调整到应有位置上,将两个部件对接接头的孔一起加工到最后尺寸。

修配方法多半是手工操作,在相互修配时,要反复试装和修合,工作量比较大。在成批生产中,应尽量少用修配方法。

(2)装配后精加工。

采用上述相互修配的方法来达到配合要求时,在修配好以后,零件、组合件或部件不具有互换性。如要求互换,则应在装配时分别、单独地按样板或在精加工台上进行加工。

图3-22为歼击机翼梁的布置图,由于主梁和前梁不布置在等百分比弦线上,其外缘是双曲度表面,要在零件加工中使其外形符合技术要求比较困难,在设计时其外缘表面上附加了几根硬铝条,从工艺上预先在硬铝条上留有加工余量,待梁架装配完后,在精加工台上用靠模铣切的方法加工硬铝条,这样加工出来的梁架外缘是可以互换的。

图3-23为加工机翼的副翼、襟翼和起落架护舱对合边缘用的精加工台。

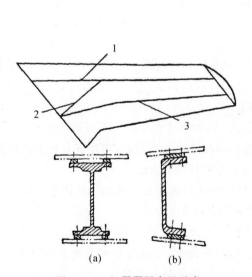

图3-22 机翼翼梁布置示意

(a)主梁剖面; (b)前梁剖面

1—前梁; 2—主梁; 3—后梁

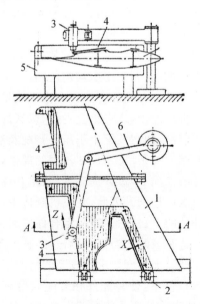

图3-23 机翼的副翼、襟翼和起落架护板舱对合边缘加工用的精加工台

1—机翼; 2—接头定位器; 3—主轴; 4—样板; 5—卡板; 6—转臂

图 3-24 为飞机机翼接头精加工示意图。对接平面和对接孔预先留有一定的加工余量，部件装配完后在精加工台上采用靠模铣切的方法对接平面及扩孔和铰孔等。

精加工台是专用设备，在该设备内除按钻模、样板加工对接接头外，一般不进行其他装配工作。由于精加工是部件装配的最后关键工作，必须慎重进行。

为确保部件间相对位置的准确度，部件在精加工台内的状态应尽量与全机水平测量时的状态相一致，定位时应注意避免产生强迫应力。

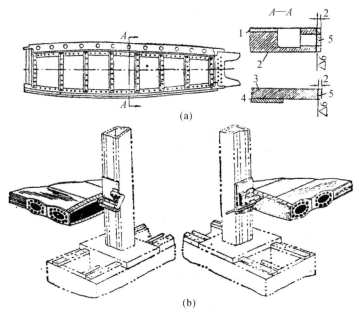

图 3-24　外翼和中翼对接分离面的精加工示意图

(a)加工余量示意图；　(b)外翼精加工示意图

1—上板件；　2,3—对接型材；　4—下板件；　5—加工余量

至于一架飞机哪些组合件和部件需要精加工，应根据飞机结构、产量、零件加工和装配等实际情况而定。

应当指出的是，采用修配方法和装配后精加工，虽然都能达到装配准确度的要求，但这两种方法是有本质区别的。修配方法是两个相配合的零件、组合件或部件相互进行修配，相互修配后不具有互换性；而装配后精加工是工件装配后在专用设备上单独地依据样板、钻模或靠模进一步加工，精加工后，工件具有互换性。

(3)可调补偿件。

为保证装配准确度符合要求，除上述方法外，也可利用结构补偿的方法。图 3-25 所示为发动机与机身的连接图，主接头上装有球面衬套，以补偿机身两接头和发动机主接头的不同轴度，利用辅助接头上可调螺杆调整发动机轴线和机身的相对位置。

图 3-26 为发动机通过发动机架与机身的连接图，通过偏心球面衬套 4 及可调螺杆 7 调整发动机相对于机身的位置。

图 3-27 为另一种调整相对位置用的补偿结构，利用衬套 1 和球形杆 3 之间的螺纹连接调整轴向尺寸，调整好后用锁紧螺帽 2 固定(利用球面接触补偿轴线的角度误差，调整好后用

固定螺帽固定）。

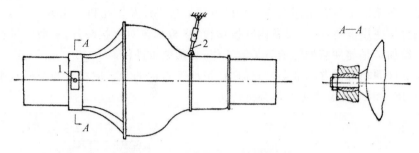

图 3-25　机身与发动机连接

1—主接头；　2—辅助接头

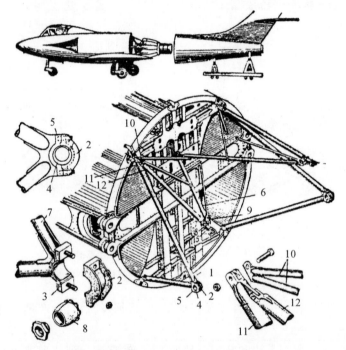

图 3-26　机身与发动机的连接

1,6,9,10,11,12—发动机架及其附件；　2—接头盖；　3—主接头；　4—偏心球面衬套；
5—叉形接头；　7—可调螺杆；　8—锁紧螺帽

　　图 3-28 为机身与机翼的连接图，接头的连接采用摇杆、球面、齿垫等各种补偿来调整部件间的相对位置。

　　可见，利用补偿结构可以降低部件装配准确度要求，部件间相对位置是通过调整达到的。为了使装配工作能顺利进行，在结构设计时应尽量减少复杂的协调关系。

　　在飞机设计中应注意补偿件的应用。"波音 707"型旅客机在装配时允许在接头支架处加钢垫片，以调整高低和轴向位置，钢垫片单层厚度为 0.05 mm，平时像千层纸一样黏结在一起，装配时根据需要撕下几层垫在支架下面，直到接头定位器的定位销能自由转动为止。

　　综上所述，合理地使用结构补偿件和在设计中采用工艺补偿方法的可能性，是保证产品质量和互换协调的有效方法之一。

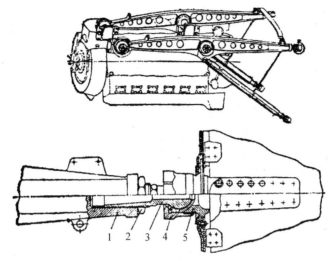

图 3 - 27　机身与发动机连接

1—衬套；　2—锁紧螺帽；　3—球形杆；　4—固定螺帽；　5—球形座

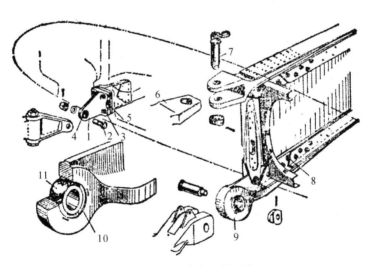

图 3 - 28　机身与机翼连接

1—耳片；　2、3、8—螺栓；　4、11—球形衬套；　5—齿纹座；　6—机身接头；

7—销子；　9—耳座；　10—球形座

3.2.5　模线样板法工作原理

从零件加工到部件装配经过了许多生产环节,每个环节都会产生制造误差。为了保证制造准确度和协调准确度,除了上述的补偿方法以外,还必须保证所使用的大量工艺装备本身的制造准确度和相关的工艺装备之间的协调准确度。为此,在飞机制造中,工艺装备的制造应遵循一定的协调路线。也就是说,每个飞机制造企业在生产过程中都建立了十分完整的产品尺寸传递体系。

　　由于飞机外形是复杂的曲面,而它的协调准确度要求又很高,如果采用一般机器制造的保证互换性的方法,是很难达到要求的。因此,在飞机制造中,引用了传统造船业中的"放样技术"作为生产中传递几何形状与尺寸的原始依据,依此形成了飞机制造中的保证互换性的方法:模线样板工作法。

　　模线样板工作法是按相互联系制造原则建立的。根据这种方法,在飞机制造中尺寸传递过程可作以下表述:

　　(1)将飞机部件、组合件的外形及结构按1:1的尺寸在专门的图板上准确地画出,这就是模线。在生产中,模线就作为飞机外形与结构形状的原始依据。

　　(2)根据模线加工出具有工件真实外形的平板,这就是样板。在生产中,样板即作为加工或检验各种工艺装备及测量工件外形的量具。

　　图3-29为模线样板工作法在保证机翼部件某个切面工艺装备之间以及零件之间相互协调的原理图。

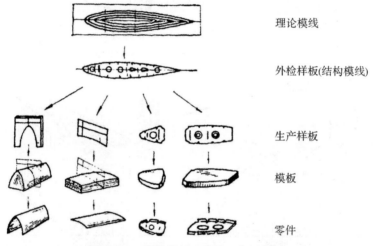

理论模线

外检样板(结构模线)

生产样板

模板

零件

图3-29　模线样板工作法工作原理图

　　由图3-29中可知:模线有理论模线和结构模线之分,生产样板种类繁多。用样板再去制造各种工艺装备模具,利用模具成形各种飞机零件。这就是典型的以实物模拟量为基础的产品尺寸传递体系,或称之为以模线样板为基础的协调系统。

　　长期以来,工程技术人员就是用这种方法保证飞机的制造准确度和协调准确度。

第4章 飞机零部件的制造

4.1 钣金零件制造

4.1.1 钣金的概念

钣金是一种加工工艺,钣金迄今为止尚未有一个比较完整的定义。参考国外某专业期刊上的一则定义,可以将其定义为:钣金是一种针对金属薄板(通常在6 mm以下)的综合冷加工工艺,包括剪、冲/切/复合、折、铆接、拼接、成形(如汽车车身)等。其显著的特征就是同一零件厚度一致。

4.1.2 钣金零件的特点

钣金零件具有以下特点:
(1)平面尺寸大且厚度薄,刚度小;
(2)形状复杂,且精度要求高;
(3)对钣材性能要求高;
(4)多品种小批量。

4.1.3 钣金零件生产过程

一般钣金零件的生产过程如图4-1所示。

图4-1 一般钣金零件的生产过程

图4-2所示的钣金零件生产过程为:制作毛料样板—根据毛料样板下料—手工预成形—液压橡皮成形—粗切割外形—去毛刺—淬火—校正—切割外形—检验—表面处理—交付。

图4-2 钣金零件

4.1.4　飞机钣金工艺

飞机钣金工艺有别于一般机械制造的钣金工艺,这是由飞机的结构特点和生产方式决定的。

(1)钣金零件构成飞机机体的框架和气动外形,零件尺寸大小不一、形状复杂、选材各异、产量不等、品种繁多。大型飞机约 3～5 万件钣金零件,而其中的个别项目只有一两件。

(2)零件有较复杂的外形、严格的质量控制和一定的使用寿命要求。对成形后零件材料的机械性能有确定的指标,与其他行业的钣金零件相比,飞机的钣金零件技术要求高,加工难度大。

钣金工艺是机械制造业的传统技术,是飞机制造工程的支柱工艺之一。

飞机是参与市场竞争的高技术产品,民用飞机的市场竞争尤为突出。一种飞机的性能、成本、研制周期是提高市场竞争力的三个主要要素。据悉,现代歼击机的寿命为 8 000 h,民用飞机高达 60 000 h。就飞机的机体而言,其市场竞争力表现在气动外形、结构效率和使用寿命。机体大部分零件要借助钣金工艺来制造,只有不断寻求新的钣金成形方法,研制先进的专用设备,才能适应品种多、数量多、劳动量大的钣金零件生产,使新的设计构思付诸实现。

钣金工艺方法见表 4－1。

表 4－1　钣金工艺方法

成形方法	使用设备	使用工装	成形特点
冲裁	冲床	冲裁模具	实现钣料一部分相对另一部分的分离
弯曲	冲床、闸压机、拉弯机等	模具(略有差异)	实现钣料的弯曲成形
拉深	冲床、液压机	拉深模具	成形开口空心零件
旋压	旋压机	旋压模、旋轮	成形开口空心轴对称零件
橡皮成形	橡皮成形机	模具(液压模、橡皮模)	弯边多样化,附有其他成形(如孔、加强筋)
拉形	拉形机	拉形模具	等曲率或不等曲率的大型零件
落压成形	落压机	落压模具	成形复杂零件
喷丸成形	喷丸机	不需要模具	成形大型整体壁板
高能成形	多样化的设备	模具	大型复杂零件、小型零件
蠕变成形		模具	钛合金成形
应力松弛成(校)形		模具	钛合金成形
超塑成形		模具	成形复杂零件,变形大

4.1.5　飞机钣金零件制造

钣金零件成形是对薄板、薄壁型材和薄壁管材等金属毛料施以外力,使毛料在设备和模具的作用下产生变形内力,此变形内力达到一定数值后,毛料就产生相应的塑性变形,从而获得一定形状、尺寸和性能的零件加工方法。

飞机钣金零件主要包括蒙皮、隔框、壁板、翼肋和导管等,占飞机零部件的 50％以上,飞机钣金工艺是航空制造工程的重要组成部分。

1.飞机钣金零件分类(见图 4－3)及其制造方法

(1)板材零件。

平板零件:剪裁、铣切、冲裁。

蒙皮成形零件:闸压、滚弯、拉形、落压。

框肋类零件:橡皮成形、闸压、滚弯、拉弯、绕弯、落压。

整体壁板零件:化学铣切、数控铣切、喷丸成形。

其他成形方法:旋压、爆炸成形(校形)、胀形、钛板热成形。

(2)管材零件:弯管、扩口、缩口、

(3)挤压型零件:压下陷、压弯、滚弯、拉弯、绕弯、铣切。

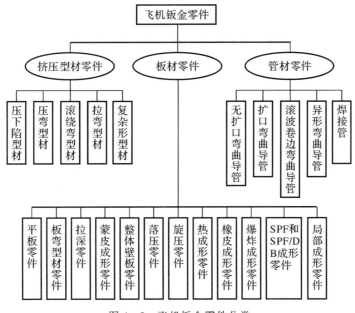

图 4－3　飞机钣金零件分类

2.飞机钣金零件制造的新工艺和新方法

(1)高能成形。

高能成形又称脉冲成形或高速成形。其特点是能使较大的能量在极短的时间内释放出来。这些能量主要通过冲击波的形式作用到被成形的毛料上,使毛料在极短的时间内接受一个脉冲能量,故高能成形可称脉冲成形。冲量变成毛料的动量,使毛料以很高的速度向模腔运动而成形,故高能成形又叫高速成形。

高能成形的能量来源主要有化学能(炸药、爆炸气体等)、电能(电液和电磁效应)和高压气体等三类。

(2)蠕变成形和热校形。

1)蠕变成形利用金属或合金的蠕变特性,发展成一种新的钣金成形方法。蠕变成形用的单位压力很低,成形时间长,为了防止金属在高温下受到氧化和污染,通常采用抽真空的方法成形,即真空蠕变成形。所谓蠕变是指金属在恒定压力下,除瞬时变形外,随着时间的延长而发生缓慢、持续的变形。蠕变成形特别适用于钛合金成形,因为钛合金在高温下容易氧化,室温成形回弹大、易破裂,而高温蠕变性能良好。

2)热校形是制造钛板零件普遍采用并行之有效的工艺方法,国外大约有90%的钛板零件是采用冷成形和热校形制造的,即先在室温下(或加热状态下)预成形,然后进行热校形,以制成尺寸符合要求的零件。热校形工艺过程包括:将预成形件和模具在热校形压床中加热到所需温度,合上模具,施加足够的压力,并保温、保压一定时间,最后取出零件。热校形主要是利用材料在高温下软化与应力松弛的综合效应。经过热校形可以减小回弹,大大提高零件的尺寸准确度。

(3)激光切割。激光切割又称激光吹气切割,它是一种把激光束和气体束同时聚焦在工件表面上以切割材料的方法。

4.2 飞机零件机械加工制造

飞机零件机械加工(机械加工简称"机加")工艺是飞机制造技术中的重要组成部分。目前,国内飞机零件机加工艺的技术水平与先进国家相比还有较大的差距,难以满足我国航空工业发展的需要。因此,在总结经验的基础上,加强科学研究,提高加工工艺水平,是发展航空工业的重要环节之一。

当代飞机要求具有先进的设计、优化的选材和精良的制造工艺。统计资料表明,随着飞机技术性能的不断提高和数控加工技术的广泛应用,机加零件的数量在不断增多,尤其是整体大件增加得更为显著。以歼击机为例,机加零件的件数 N、整体大件的件数 M 和机加零件的制造劳动量占全机制造劳动量的百分数 B 都在不断增长。

飞机机体的大部分骨架零件都要进行机械加工,只有不断地寻求新的机加工艺方法和先进的加工设备,才能满足多品种、中小批量、生产周期长、劳动量大的机加零件的生产需要。随着电子计算机技术和数控加工技术的发展,计算机辅助设计(Computer Aided Design,CAD)、计算机辅助制造(Computer Aided Manufaturing,CAM)技术和柔性制造系统(Fexible Manufacturing System,FMS)技术得到了广泛的应用和迅速的发展,机加工艺技术水平得到了很大的提高。这对保证机加零件的质量、缩短制造周期、降低生产成本、增加竞争和应变能力,以及扩大国际合作等都发挥了巨大的作用。

4.2.1 飞机零件机加工艺的特点

飞机零件机加工艺之所以有别于一般机械制造业的机加工艺,是因为飞机的结构和生产方式具有其自身的特点。

机加零件是构成飞机机体骨架和气动外形的重要组成部分,它们品种繁多、形状复杂、选材各异。与一般机械制造业相比,它们的加工难度大,对制造技术的要求高。例如:壁板、梁、框、座舱盖骨架整体结构件,由构成飞机气动外形的流线型曲面、各种异形切面、结合槽口及交点孔组合而成的复杂组合体,不但形位精度要求高,而且有严格的质量控制和使用寿命的要求。飞机零件机加工艺具有航空工艺的明显特色,它所采用的加工手段,包括手工操作、半自动化的数控加工,以及全自动化的柔性制造系统等多种加工工艺,其间的技术水平差异很大。

零件加工时,除要按图纸尺寸制造外,对构成气动外形的流线型曲面、结合槽口以及交点孔等,还要有符合专用检验工装的要求。专用工装品种多、协调关系复杂、协调精度要求高,应用计算机辅助设计和辅助制造,可大大减少协调环节,提高协调精度,节省许多专用工装,缩短新产品的研制周期。

为了达到零件设计的各项技术要求,飞机机加零件的工艺过程复杂,控制严格。飞机机加零件外形和尺寸的准确度、边缘状况、表面完整性(包括表面粗糙度、表面应力、表面腐蚀、表面烧伤、表面纹理方向、表面电磁特性变化等)都必须采用相应的工艺措施来保证,采用动态的检测手段来进行检验。

在飞机机加工艺中,铣削加工工艺占有重要的地位。铣削加工的劳动量占全机机加总劳动量的 33.8%~48.5%。因此,大型多坐标数控铣床得到了广泛的应用。

飞机机加工艺是综合运用各种先进机加工艺的复杂技术。如成组技术、数控加工技术、仿形加工技术、精密深孔加工技术、超精加工技术、无切屑加工技术等,都在飞机零件的机械加工中被广泛采用。

飞机机加工艺的发展取决于飞机结构的改进,新型材料的应用和新工艺、新技术及先进设备的采用。军用飞机不断提高的战术、技术指标,民用飞机安全、寿命、舒适的市场要求,比刚度大、比强度高、耐腐蚀材料的使用等,都迫切需要飞机机加工艺技术不断地完善、发展和提高。

4.2.2　飞机机加零件的分类

飞机机加零件按其结构特点和工艺特点可分为梁、筋、肋板、框、壁板、接头、滑轨等七大类。

飞机机加零件以扁平件、细长件、多腔件和超薄壁膈框结构件为主。毛坯为板材、锻件和铝合金挤压型材。材料的利用率仅为 5%~10% 左右,原材料去除量大。目前,国内飞机零件90% 以上为铝合金件,少量为不锈钢或钛合金钢,且整体结构件越来越多。

随着现代飞机性能的不断提高,整体结构已成为现代飞机广泛采用的主要承力构件。

整体结构与旧式的铆接结构相比有许多突出的优点。在气动性能方面,整体结构外形准确,对称性好;在强度方面,整体结构刚性好,比强度高,可减轻机体质量(约 15%~20%),气密性好;在工艺和经济效益方面,大大减少了零件和连接件的数量,装配后变形小,可使部件成本降低 50% 左右。当前整体结构的制造技术水平已成为衡量世界各国航空技术水平和基础工业水平的重要标志之一。

4.2.3　飞机机加零件的加工方法

飞机零部件中绝大部分零件都是通过传统的机械加工方法来获得所需的结构和形状,是通过机床利用刀具将毛坯上多余的材料切除来获得的。根据机床运动的不同和刀具的不同,可分为不同的加工方法。按刀具切削加工的方式来分,飞机机加零件的加工方法有车削加工、铣削加工、钻削加工、镗削加工、刨削加工、插削加工、拉削加工、磨削加工和特种加工等。

(1)车削加工。

车削加工方法是工件旋转,形成主切削运动,车削时通过刀具相对工件实现不同的进给运动,可以获得不同的工件形状,加工后形成的工件表面主要是回转表面。车削加工还可以加工螺纹面、端平面及偏心轴等。其特点是工艺范围广、加工精度范围大、生产率高、可实现超精密加工、生产成本较低。

(2)铣削加工。

铣削的主切削运动是刀具的旋转运动,工件本身不动,由机床的工作台完成进给运动。铣削刀具较复杂,一般为多刃刀具。铣削可加工平面、沟槽以及螺旋面、齿面和成形表面。

(3)刨削加工。

刨削时的主运动和进给运动均为直线运动。刨床主要用于加工各种平面和沟槽。刨削速度不可能太高,故生产率较低。刨床可分为牛头刨床和龙门刨床。牛头刨床的主运动为滑枕带动刀具作直线往复运动,进给运动为工作台带动工件作间歇横向运动。牛头刨床一般只用于单件生产,加工中小型工件龙门刨床的主运动为工作台带动工件作纵向往复运动,进给运动为刀架在龙门架上作横向间歇运动。龙门刨床主要用来加工大型工件,加工精度和生产率都高于牛头刨床。

(4)插削加工。

插削主要用于加工工件的内表面,如键槽、内孔等,相当于立式刨削。

(5)拉削加工。

拉削可使加工表面一次切削成形。机床运动简单,切削速度低,效率高,刀具成本高,仅适用于大批量生产。拉床可分为卧式和立式,内拉和外拉等。

(6)钻削加工与镗削加工。

在钻床上,用旋转的钻头钻削孔是孔加工最常用的方法,钻头的旋转运动为主切削运动。在单件、小批生产中,小型工件上较大的孔($D<50$ mm)常用立式钻床加工;大中型工件上的孔,用摇臂钻床加工。精度高、表面质量要求高的小孔,在钻削后常常采用扩孔和铰孔来进行半精加工或精加工。

镗孔可在镗床或车床上进行。在镗床上镗孔时,镗刀与车刀基本相同,不同之处是镗刀随镗杆一起转动,形成主切削运动,而工件不动。

(7)磨削加工。

磨削加工是一种历史悠久的加工方法,又是一种具有发展前景的加工方法。这种加工方法既能精加工、超精加工,也能粗加工;既能加工普通材,也能加工超硬材料。磨削可分为外圆磨、内孔磨、平磨等,分别用于外圆柱面、圆锥面、平面等各种成形表面的加工。

(8)特种加工。

特种加工包括电火花加工、电解加工、激光加工和超声波加工等。

1)电火花加工。

电火花加工是利用工具电极和工件电极间瞬时火花放电所产生的高温熔蚀工件材料来形成所需的工件表面。电火花加工在专用的电火花加工机床上进行。

2)电解加工。

电解加工是利用金属在电解液中产生阳极溶解的电化学原理对工件进行成形加工的一种方法。

3)激光加工。

激光是一种能量密度高、方向性好(激光束的发散角极小)、单色性好(波长和频率单一)、相干性好的光。由于激光的上述特点,通过光学系统可以使它聚焦成一个极小的光斑(直径几微米至几十微米),从而获得极大的能量密度($100\sim1\,000\,\text{W/cm}^2$)和极高的温度($10\,000\,℃$以上)。在此高温下,任何坚硬的材料都将瞬时、急剧熔化和蒸发,并产生强烈的冲击波,使熔化的物质爆炸式地喷射去除。激光加工就是利用这种原理熔蚀材料进行加工的。

4)超声波加工。

超声波加工是利用超声频($16\sim25\,\text{kHz}$)振动的工具端面冲击工作液中的悬浮磨粒,由磨粒对工件表面撞击、抛磨来实现对工件加工的一种方法。

4.3　飞机复合材料零件制造

4.3.1　飞机常用复合材料

(1)分散强化型复合材料。

分散强化型复合材料是指一种或一种以上的材料(强化材料或称强化相)分散在另一种材料(基体材料)之中的复合材料,如图4-4所示。

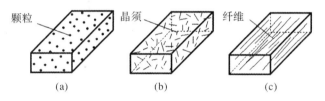

图 4-4　分散强化型复合材料

(a)颗粒弥散强化;　(b)晶须弥散强化;　(c)纤维强化

(2)金属基复合材料。

金属基复合材料的基体是金属,所以具有较好的耐热性、高弹性系数、高导电性能、高导热性能以及良好的成形加工性能。作为基体金属,铝合金由于密度低、强度高、易于加工处理等优良特性而广为使用,其次是钛和钛合金。用作强化材料的主要有颗粒、晶须、纤维(包括短纤维、长纤维和连续纤维),如图4-5和图4-6所示。

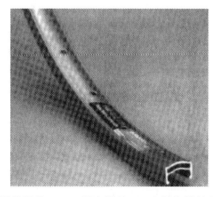

图 4-5　SiC 颗粒强化 6N01(低含镁的 6061)复合材料山地自行车轮圈

图 4 - 6　SiC 颗粒强化 Al - 20% Si 铝合金复合材料气缸内套

（3）陶瓷基复合材料。

陶瓷材料可以分为功能陶瓷与结构陶瓷两大类。功能陶瓷包括半导体材料、敏感材料（如热敏、压敏、光敏、气敏、湿敏陶瓷等）、绝缘材料（含高导热绝缘材料）、高温超导材料等；结构陶瓷包括各种耐高温、耐腐蚀结构材料，如 Al_2O_3，SiC，BN，Si_3N_4，WC 等结构为陶瓷材料。陶瓷材料复合化的目的，对于结构陶瓷主要是提高材料的强度、韧性等力学性能，或提高其耐热、耐蚀性能；而对于功能材料，主要是获得某些新的功能。用作陶瓷基复合材料的强化材料主要有各种陶瓷颗粒、晶须、纤维，某些金属纤维。

（4）高分子基复合材料。

高分子基复合材料是研究历史最长、应用最广泛的一类复合材料。高分子复合材料的基体材料见表 4 - 2。

表 4 - 2　高分子复合材料用基体材料

$$\text{基体材料} \begin{cases} \text{热固性树脂} \begin{cases} \text{不饱和聚酯树脂} \begin{cases} \text{顺酐型} \\ \text{丙烯酸型} \\ \text{丙烯酯型} \end{cases} \text{占钢树脂总量的 } 80\% \text{ 以上} \\ \text{环氧树脂} \\ \text{酚醛树脂} \end{cases} \\ \text{热塑性树脂} \begin{cases} \text{聚烯烃[聚乙烯(PE)、聚丙烯(PP)、聚丁烯及它们的共聚物]} \\ \text{聚碳酸酯(PC)、聚酰胺(PA)、聚甲醛(POM)、聚丙醚(PPO)、} \\ \text{聚丙硫醚(PPS)、聚耐砜(PSU)、聚酰亚胺(PI)} \end{cases} \end{cases}$$

（5）层状复合材料。

层状复合材料各组元自成一个或数个整体，组元之间以界面结合的方式复合成一体。

4.3.2　飞机复合材料的制备与加工方法

对于绝大多数的金属基复合材料（分散强化型金属复合材料），首先，直接利用塑性加工的方法进行成形，然后进行烧结固化，或采用铸造、粉末冶金等方法制备毛坯，最后采用锻造、轧制、挤压等方法进行二次加工。

层状金属复合材料是采用爆炸焊接或扩散焊接后进行塑性加工,或直接利用塑性加工复合成形。

4.4　飞机零部件测量

4.4.1　传统的测量技术

(1)测量的基本概念。

机械加工中,常见的测量包括长度尺寸和角度尺寸的检测,以及形状、几何要素间相互位置和表面粗糙度的检测。

(2)长度和角度单位。

国际单位制的基本长度单位是米(m)。而在机械制造业中通常规定以毫米(mm)作为计量长度的单位。在技术测量中也用到微米(μm)为计量单位。m,mm,μm 之间的换算关系为

$$1 \text{ m} = 1\ 000 \text{ mm}$$
$$1 \text{ mm} = 1\ 000 \text{ } \mu\text{m}$$

(3)测量器具的分类。

1)基准量具(标准量具):用作测量或检定标准的量具,如量块、正多面棱体、表面粗糙度比较样块、直尺等。

A.量块。体现了检测中的长度、角度的标准量块有不同规格,通过拼接可得到所需长度或角度,常用于机械加工中的检测。

B.正多面棱体作为计量基准、角度传递基准,被广泛应用。

C.表面粗糙度比较样块用于工件表面比较,通过视觉、触觉对工件表面粗糙度进行评定,也可作为选用粗糙度数值的参考依据。

2)极限量规:极限量规是测量特定技术参数的专业检验工具,测量时,工具不能得到被检验工具的具体数值,但能确定被检验工件是否合格,如光滑极限量规、螺纹量规等。

3)通用测量器具:也称万能量具,该类量具一般都有刻度,能对不同工件、多种尺寸进行测量。在测量范围内可测出工件或产品的形状、尺寸的具体数值,如游标卡尺、千分尺、百分表、万能角度尺等。

(4)量具、量仪的度量指标。

度量指标表明了量具、量仪的性能,也是选择与使用量具、量仪的依据。量具、量仪的度量指标见表4-3。

表 4-3　量具、量仪的度量指标

序　号	度量指标	度量的内容
1	刻度间距	刻度尺或刻度盘上相邻两条刻线的中线之间的距离
2	刻度值	刻度尺或刻度盘上相邻两条刻线的间隔所代表的量值
3	示值范围	刻度尺或刻度盘上全部刻度范围所代表的量值
4	测量范围	测量器具所能测出的最小量值到最大量值的范围

续表

序　号	度量指标	度量的内容
5	测量力	测量中,量具、量仪的测头与被测表面间的接触力。测量时,测量力的变化将使测量结果发生变化
6	灵敏度	能使测量器具的示值发生最小的变动值,即反映了被测量的最小变化量
7	示值误差	量具、量仪的示值与被测量的真值之间的差值
8	示值稳定性	在测量条件不变的情况下,对同一个被测量位置进行多次重复测量时,测量器具显示的最大值与最小值之差值

(5)测量误差。

测量误差包括系统误差、随机误差和粗大误差。

1)系统误差。在相同的测量条件下,对同一个被测量进行多次重复测量时,误差的大小与方向(即正负)保持不变,或当条件变化时,误差按某一确定的规律变化,这种测量误差称为系统误差。

2)随机误差。在相同的测量条件下,对同一个被测量位置进行多次重复测量时,误差的大小和方向无规律地变化且无法预知的,这种测量误差称为随机误差。

3)粗大误差。明显歪曲测量结果且数值大的误差称为粗大误差。

(6)常用量具。

量具是用来测量工件尺寸、角度、形状误差和相互位置误差的工具。常用量具有钢直尺、游标卡尺、千分尺、百分表、角尺和塞尺等。

4.4.2 数字化测量技术

(1)三坐标自动测量机。

三坐标测量机是测量和获得尺寸数据最有效的方法之一,因为它可以代替多种表面测量工具及昂贵的组合量规,并把复杂的测量任务所需时间从小时级减到分钟级,这是其他仪器所达不到的效果。三坐标测量机的功能是快速、准确地评价尺寸数据,为操作者提供关于生产过程状况的有用信息,这与所有的手动测量设备有很大的区别。将被测物体置于三坐标测量空间,可获得被测物体上各测点的坐标位置,根据这些点的空间坐标值,经计算求出被测物体的几何尺寸、形状和位置。三坐标测量机一般由以下几个部分组成:主机机械系统(X,Y,Z 三轴或其他)、测头系统、电气控制硬件系统、数据处理软件系统(测量软件)。

三坐标测量机按测量方式可分为接触测量和非接触测量以及接触和非接触并用式测量,接触测量常用于测量机械加工产品以及压制成形品、金属膜等。本文以接触式测量机为例来说明几种扫描物体表面,以获取数据点的几种方法,数据点结果可用于加工数据分析,也可为逆向工程技术提供原始信息。扫描指借助测量机应用软件在被测物体表面特定区域内进行数据点采集。此区域可以是一条线、一个面片、零件的一个截面、零件的曲线或距边缘一定距离的周线。

(2)数字式万能显微镜。

数字式万能显微镜是一款便于携带的数字显微镜,显微镜中采用了数字视频摄像头、精密光学和 LED(发光二极管)光源,放大倍率为 40～140,可以满足一般测量的需要,使用时将 IPM 放置在被测物体的上方,将 USB 电缆连接到电脑中的 USB 端口,即可在电脑中查看到被测物体的图像,取代了原始显微镜的目镜观测。

数字式万能显微镜主显微镜配有多种目镜和物镜,视场宽,成像清晰。主显微镜可左右偏摆,适用于螺旋状零件的测量。数字式万能显微镜采用光电数显技术,精密光栅尺作为测量元件,测量长度以数字显示,直观且方便;透、反射照明及附件均采用 LED 照明,发热量小,寿命长,附件多,使用面广。

数字式大型工具显微镜是机器制造工厂、科学研究机关及高等院校的计量部门或车间检查站广泛使用的一种多用途计量仪器,该仪器采用光栅尺作为长度测量传感器。长度值采用数字显示,具有较高的测量精度和操作效率。

(3)数控机床在线测量系统。

数控机床在线测量系统是一种通过采样来进行测量的系统。因此,采样点的数量和分布情况将直接影响测量结果,对自由曲面的测量尤为重要。对整个被测表面全部进行采样是不现实的,为提高测量结果的可信度,通常会采用增加检测点数目的方式,但获得高准确度的同时也会极大降低测量效率。因此如何规划高效、准确的检测路径成为关键。

数控机床在线测量在规划检测路径时,在满足测量精度要求的基础上尽可能提高测量效率,即在满足测量精度的前提下,以最短的测量路径检测最少的测量点。

(4)三维数字化扫描仪。

三维数字化扫描仪是一种科学仪器,用来侦测并分析现实世界中物体或环境的形状(几何构造)与外观数据(如颜色、表面反照率等性质)。搜集到的数据常被用来进行三维重建计算,在虚拟世界中创建实际物体的数字模型。这些模型具有相当广泛的用途,工业设计、瑕疵检测、逆向工程、机器人导引、地貌测量、医学信息、生物信息、刑事鉴定、数字文物典藏、电影制片以及游戏创作素材等都可见其应用。三维扫描仪的制作并非仰赖单一技术,各种不同的重建技术都有其优缺点,成本与售价也有高低之分。目前并无一体通用的重建技术,仪器与方法往往受限于物体的表面特性。

三维扫描仪分为接触式(contact)与非接触式(non-contact)两种,后者又可分为主动(active)扫描与被动(passive)扫描,这些分类下又细分出众多不同的技术方法。使用可见光视频达成重建的方法,又称作基于机器视觉(vision-based)的方式,是目前机器视觉研究的主流之一。

接触式三维扫描仪透过实际触碰物体表面的方式计算深度,如坐标测量机(Coordinate Measuring Machine,CMM)即典型的接触式三维扫描仪。此仪器测量结果相当精确,常被用于工程制造产业,然而因其在扫描过程中必须接触物体,待测物有遭到探针破坏与损毁的可能,所以不适用于高价值对象(如古文物、遗迹等)的重建作业。此外,相较于其他方法,接触式扫描需要较长的时间,现如今最快的坐标测量机每秒能完成数百次测量,而光学技术(如激光扫描仪)运作频率则高达每秒一万至五百万次。

非接触主动式扫描是指将额外的能量投射至物体,借由能量的反射来计算三维空间信息。常见的投射能量有一般的可见光、高能光束、超音波与 X 射线。

(5)激光跟踪仪。

　　激光跟踪仪是一台以激光为测距手段,配以反射标靶的仪器,它同时配有绕两个轴转动的测角机构,可形成一个完整球坐标测量系统。它可以用来测量静止目标,跟踪和测量移动目标或它们的组合。

　　由于激光跟踪仪是利用激光测距,所以测距精度很高,但随着距离的增大,角度编码器带来的位置误差亦变大,所以跟踪仪本身主要是角度误差。

　　在激光跟踪仪的应用中靶标对测量精度的影响亦不可忽视,通常靶标外形为球形,内部为3个互相垂直的反射镜。若三个反射镜的角点和外球的中心不重合或3个反射镜面相互不垂直都会引起误差,因此在同一次测量中推荐使用同一个反射镜,同时反射镜不要绕自身光轴转动。

　　激光本身受大气温度、压力、湿度及气流流动的影响,因此,大气参数的补偿对仪器的正常使用十分关键。

第5章 飞机装配技术

飞机制造过程的主要环节是飞机的装配。飞机装配过程就是将大量的飞机零件按图纸、技术条件进行组合与连接的过程。由于飞机结构复杂、零件及连接件数量多,而大多数零件在自身质量下刚度较小,组合成的外形又有严格的技术要求,故飞机装配除有一般机械产品装配的共同性原理外,还有一些有别于其他行业的制造特点。

5.1 飞机装配定位

在装配过程中,要先确定零件、组合件、板件和段件之间的相对位置,这就是定位问题。

在装配工作中,对定位有以下要求:

(1)保证定位符合飞机图纸和技术条件中所规定的准确度要求。

(2)定位和固定要操作简单且可靠。

(3)所用的工艺装备简单,制造费用少。

在飞机装配中,常用的定位方法有以下三种。

(1)划线定位。

划线定位即根据飞机图纸用通用量具划线定位。这种定位方法准确度较低,一般用于刚度较大、位置准确度要求不高的部件。翼肋组合件上的加强角材由于位置准确度要求不高,可用划线定位,但上、下缘条的位置准确性直接影响到部件的空气动力外形,故不宜用划线定位。另外,划线定位效率低,在成批生产中尽量不用或少用这种方法。

由于划线定位通用性强,故在成批生产中不失为一种辅助的定位方法。如翼肋、隔框或大梁上的加强角材,仪表板的支架、飞机的铆钉及焊点位置等,有时是用划线确定位置的。为提高划线定位的工作效率,可以通过透明的胶板,用接触照相法将结构尺寸、连接件的形状和位置晒在零件上,这样可节省划线时间,同时能提高零件定位的准确度。

(2)用装配孔定位。

翼肋组合件可用装配孔确定其零件的相对位置,方法是装配时用预先在零件上制出的装配孔来定位。两个零件用装配孔确定其相对位置时,装配孔的数量应不少于两个,装配孔的数量取决于零件的尺寸和刚度,尺寸大、刚度小的零件,装配孔的数量应适当加多。

为保证相连接的零件间装配孔是协调的,一般采用模线样板法,首先按 1:1 准确地在铝板上画出组合件的结构图(结构模线),在结构模线上标出装配孔,然后以结构模线为标准分别制造各零件钻孔用的样板,零件上的装配孔则按各自的样板钻出。

装配孔定位的准确度取决于装配孔协调方法的准确度,显然协调环节越多,积累误差就越大。但由于用装配孔装配不需要使用专用夹具,故在成批生产中,在保证准确度的前提下,应推广装配孔定位方法的应用。如平板、单曲度以及曲度变化不大的双曲度外形板件,都可采用装配孔的方法进行装配。

用装配孔装配板件时,在装配之前,应在各个零件及部分铆钉位置上,预先按样板分别钻出装配孔(一般是每隔400 mm左右钻一个装配孔,孔径比铆钉孔小一号),装配时各零件之间的相对位置就按这些装配孔确定。另外,为减少划线工作量,一般是装配孔和导孔联合使用的,即导孔-装配孔方法。它是在骨架零件上或者在其中一个零件上全部钻出铆钉孔(尺寸比铆接的钉孔小一号),当零件按装配孔定位并夹紧后,就可按骨架上的导孔钻出连接零件的全部铆钉孔。

有时为提高板件装配时的刚度,也可使用一些简单的型架,在蒙皮上预先留出耳片,按样板在耳片上钻出定位孔,此孔在型架上由工艺螺钉定位与固定,这样就提高了蒙皮的刚度,此时按蒙皮上预先钻制好的装配孔定位并固定其他零件,装配完成后下架,再除掉蒙皮上的耳片。这种方法使用的型架很简单,实际上是起一个托架的作用,若做成转动式的,工作更方便,开敞性也好。

(3)用装配夹具(型架)定位。

翼肋组合件用装配夹具定位时,腹板是以定位孔用装配夹具上的定位销5定位;上、下缘条是以外形定位件3和挡块4定位,用夹紧件夹紧的;加强角材也可用定位件定位,由于加强角材位置准确度要求不高,一般可用划线方法或用装配孔的方法来定位,如图5-1所示,这种定位方法的定位准确度取决于装配夹具的准确度,故为确保工件装配准确度,必须首先保证装配夹具(型架)的准确度。

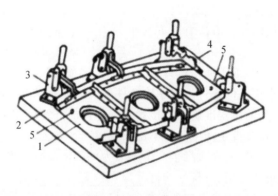

图 5-1 装配孔定位

机翼外形由卡板定位;机翼接头及副翼悬挂接头由代表产品之间连接关系的接头定位器来定位。由于飞机的零件与组合件尺寸大、刚度小,所以飞机装配中装配夹具的功能和一般机械产品装配夹具的功能有本质区别,机械产品的装配夹具主要是为了提高劳动生产率,而飞机装配夹具是保证零组件在空间相对准确位置所必不可少的。另外,飞机装配夹具除了起定位作用外,还有校正零件形状和限制装配变形的作用,所以飞机装配夹具的定位件不遵守"六点定位原则",往往采用多定位面的"超六点定位",即"超定位"方法。在型架内工作时,通过零件、组合件在型架内的装配,可发现不协调的地方,检查或修正的依据就是型架定位器的工作面,根据工艺规程对不协调部位或敲修,或施加垫片。另外,为减少装配变形,铆接工作应在定位器打开最少的情况下进行,因为机翼接头的位置准确性会影响到机翼和机身的相对位置;副翼悬挂接头位置的准确性关系到副翼转动的灵活性、外形吻合性等,所以这些接头定位器非万不得已应自始至终不打开。型架卡板关系到机翼外形的准确度,故铆接工作应在卡板打开最少的情况下进行。

5.2　飞机总装配

飞机总装配工作量的大小主要取决于飞机的结构和装配工艺装备,同时也和生产规模和工厂技术水平有关。飞机总装配主要包括以下各项工作:

(1)对接飞机机体各部件,进行水平测量;

(2)安装调整发动机,安装试验油箱及燃油和滑油系统,安装调整发动机操纵系统;

(3)液压和冷气系统的设备、附件和导管的安装,敷设和试验;

(4)起落架及其收放机构以及信号系统的安装、调整和试验;

(5)飞机操纵系统的安装与调整;

(6)电气、无线电、仪表设备与电缆的安装、敷设和试验;

(7)高空救生设备的安装和试验;

(8)特种设备的安装和试验等。

由于每一个系统在结构上、技术要求上和工艺方法上差别很大,这就使得在生产过程中不仅所采用的工艺过程复杂多样,而且必须配置各种不同专业的工人和技术人员。

由于飞机机体封闭,在有限的机体内安装数量很多的各种设备、装置和系统,而这些系统、设备在空间中又相互交错,难以实现机械化,不利于提高总装配劳动生产率。特别是歼击机,空间更小,只能容纳一人进舱工作,同时在总装配工作中有很多调整、试验工作在进行时,又不允许飞机上进行其他工作。由于上述原因,飞机总装配劳动量一般比较大,占飞机制造总劳动量的 8%~20%,总装配周期占百分比更大,可达 25%~40%。此外,飞机总装配占用的生产面积大,要求使用高度和跨度较大的厂房。因此,如何减少总装配工作量,有节奏地进行装配工作,是总装配工作中很重要的问题。

在成批生产中,飞机总装配采用流水生产的组织形式。在总装时,基准部件(机身)沿着流水线移动,其他部件则在总装的不同阶段进行装配,各系统、设备、附件等也在各个不同的阶段安装到飞机上去,进行调整和试验,最后总装出整架飞机。在总装配工作中,凡必须在机上安装调试的工作,称为装配站工作;不在机上进行的总装配工作(各种准备及组合工作),称为工作台工作。流水作业的基础就是安装、调试工作的节奏化,所以组织流水生产就是将机体对接及安装、调试等工作划分为许多工序,然后根据飞机结构将必须在机上工作的若干工序组合成一个任务,而完成该任务的时间应等于或成倍于流水线生产的节奏时间,这个任务就是某装配站上的工作内容,节奏时间系指流水线上连续生产两架飞机的时间间隔。

必须指出,由于飞机结构的特点,飞机上每一个系统往往不是在一个装配站上完全装上去的,而是分散在流水线的几个工作站上陆续安装的,所以说组织飞机总装配的流水作业是极为复杂的技术工作。

为减少飞机总装配工作量以及缩短飞机总装配周期,应尽可能地把总装配工作安排在部件装配阶段完成,即把每个部件装配成模块(功能较完整的部件),飞机总装配时把这些模块对接起来即可。在编制总装配工作的流水作业时,应尽可能地把总装配工作安排在工作台上进行。

第 6 章　飞行器制造新技术发展趋势

6.1　概　　述

近年来,飞机制造技术朝着整体结构轻量化、隐身、高可靠性、长寿命、短周期、低成本以及绿色先进制造技术方向发展。以波音 777、波音 737 - 800、A320 和 A380 为代表的机型集中反映了大型客机制造技术的现状,刚刚投放市场的 A350、波音 787 更多采用了先进制造工艺和材料技术以提高飞机的市场竞争力。数字化、自动化、柔性化、精确化制造技术,以及先进材料技术在这些机型中的应用和实践,将整个飞机制造技术水平提高到了一个新的境界。

6.2　制造技术发展趋势

随着新型航空产品性能需求的提高,利用航空制造工艺和装备保障产品精度、可靠性和长寿命的要求也随之提高,传统工艺及装备技术已无法满足产品制造的要求,必须通过数字化技术,开发新材料和新工艺或改造传统工艺,实现低成本、快速响应和高性能要求。

6.2.1　大型整体结构件的加工

飞机整体结构件是构成飞机机体骨架和气动外形的重要组成部分,它们品种繁多、形状复杂、材料各异。为了减轻飞机质量,进行等强度设计,往往在结构件上形成各种复杂型腔。与一般机械零件相比,飞机整体结构件加工难度大,制造水平要求高。例如壁板、梁、框、座舱盖骨架等结构件由构成飞机气动外形的流线型曲面、各种异形切面、结合槽口、交点孔组合成复杂的实体。

大型航空整体结构件加工不但形位精度要求高,而且有严格的质量控制和使用寿命要求。随着现代飞机性能的不断提高,相对于以往的小型结构件焊接及组装模式,采用大型整体结构件可大量减少结构件零件数量和装配焊接工序,并有效减轻飞机整机质量,提高零件强度和可靠性,使飞机的制造质量显著提高。因此整体结构件成了广泛采用的主要承力构件。

大型航空整体结构件的加工制造是一个系统工程,机床、刀具、装夹和工艺等都是这个系统中的关键技术环节。这中间的任何一环都将影响产品的加工质量。本节以航空整体结构件为研究对象,在分析各个加工关键技术的研究现状、存在问题和发展趋势的基础上,提出相应的解决策略和可行的技术方法,力求为实现航空整体结构件的高效、高精度加工提供理论依据。

(1)大型航空整体结构件的加工对机床功能的需求。

航空钛合金等难加工材料加工过程中切削力大、切削温度高,容易产生振动,因此在航空整体结构件加工制造中,要求机床具备高刚度、大功率和大扭矩的特性,同时具备更好的抗震能力。机床的主轴在加工过程中直接支持工件或刀具的运动,主轴的性能对工件的加工质量和机床生产效率均有重要影响,提高主轴刚度将是保证机床加工航空整体结构件精度的重要环节之一。机床导轨和支承件的连接部件,对工件加工质量和机床加工特性的影响也很大。连接部件往往是局部刚度最弱的部分,连接方式对其刚度影响很大:当导轨的尺寸较宽时,应用双壁连接的方式;导轨较窄时,可用单壁或加厚的单壁连接,或者在单壁上增加垂直筋条以提高局部刚度。目前高刚度、大功率和大扭矩特性的机床设计和开发,主要采用优化设计方法和有限元仿真分析方法。优化设计是优化理论在机械设计领域的移植和应用,其基本思想是根据机械设计的理论、方法和标准规范等建立一个反映工程设计问题和符合数学规划要求的数学模型,然后利用数学规划方法和计算机计算技术自动找出最优方案。基于物理仿真的有限元方法是近几年来研究系统结构动力特性的有效手段,通过机床加工动态过程有限元分析能够预先观察机床的承力性能以及主轴部位载荷和应力的变化情况,从而可以利用有限元分析结果对机床动态特性进行优化设计。在有限元分析中可用"黏合"的方式来模拟机床零部件之间的固接关系,动平台与挡板之间的接触是滑动接触,并用油进行润滑,其滑动摩擦系数相对较小,可近似视为无摩擦滑动,在分析中可用"无摩擦接触"的方式来模拟这种连接关系。对于主轴承载情况,可通过对主轴、刀具、工件施加位移、速度等边界条件,构建真实的主轴、刀具、工件作用过程。通过对机床不同部位的动态特性进行有限元仿真分析,对机床各个系统结构进行优化设计,最终开发出能够高效加工航空整体结构件的机床系统。随着许多新型航空材料的应用和航空整体结构件的几何形状及结构不断改进更新,对加工此类零件的机床特性要求更高,除刚度、功率和扭矩等特性外,还需要对机床的机械部分、冷却系统、工作空间以及机床联动性等进行进一步设计,开发适合航空整体结构件结构特点和材料特性的数控加工机床,实现航空整体结构件的高效、高精度加工。

针对大型航空整体结构件加工的刀具设计主要是开发专用高性能精密刀具,开发低切削力、低振动新型高速、高效切削刀具,提高航空整体结构件的加工技术水平。所涉及的关键技术主要包括刀具材料开发、刀具涂层技术、刀具结构优化设计以及刀具制造工艺等。

(2)大型航空整体结构件的数控加工变形预测。

大型航空整体结构件尺寸大(数米甚至二三十米)、结构复杂,形状精度要求很高,其外形多数与飞机的气动外形有关,周边轮廓与其他零件之间有复杂的装配协调关系。在采用薄蒙皮和铆接骨架的分散结构的情况下,与飞机承力骨架贴合的是刚性很差的薄蒙皮。骨架和蒙皮的配合允许有较大容差,如某类歼击机骨架和蒙皮的配合容差为 0.25 mm,在装配应力不是很大的情况下,可以装配出合格的产品。但是,相对于骨架和蒙皮均为大厚度的整体结构来讲,同样的装配间隙就会产生很大的装配应力,从而产生应力腐蚀,导致飞机强度和寿命的降低,因此,必须成倍地提高结构件的加工精度才能满足装配要求。然而,由于整体结构件具有面积大和结构与壁厚变化复杂等特点,在零件加工过程中很容易发生弯曲、扭曲,以及弯扭、组合的变形,加工精度得不到保证。

当前,国内航空结构零件加工制造原则性工艺是:粗加工(一般数控切削)+精加工(高速数控切削)和分步高速切削加工。对于结构件中存在的加工变形问题,主要从几何补偿角度进行了一些研究,通过数控补偿来修正一部分零件的加工变形。事实上,根据设计工艺加工出的工件,只要这个零件不离开机床,即处于正常装夹状态下,其尺寸精度基本上都会符合设计要求。但是,一旦卸掉装夹,让工件自由停放一段时间后工件就会产生新的变形。很明显,这种几何修正操作往往需要分步、多次进行,其稳定性差,而且多次修正要以牺牲(放大)加工余量为代价,导致加工效率大大降低。因此,可以说几何修正只是工厂处理加工变形问题的一种权宜的措施,不是解决大型结构件加工精度控制问题的根本、有效方法。

整体结构件的数控加工变形是航空制造业面临的最突出的问题之一,因此,对数控加工变形进行预测并加以控制对实现航空整体结构件的高精度加工具有重要意义和工程价值。

(3)大型航空整体结构件加工的未来发展。

1)航空钛合金等难加工材料在加工过程中产生较大的切削力,并且容易产生振动,为实现难加工材料的大型整体结构件的高精度加工,需要开发高刚度、大功率和大扭矩特性的机床。

2)针对大型整体结构件材料的物理力学特性,需要设计和开发专用的高性能精密刀具,其中刀具材料开发、刀具涂层技术、刀具结构优化设计以及刀具制造工艺是高性能刀具设计的关键技术环节。

3)夹紧力是影响大型整体结构件变形的重要因素之一,装夹布局优化是实现大型整体结构件高精度加工的重要工艺环节。今后,需要进一步开展跟踪刀具加工路径的动态柔性装夹系统的布局优化研究。

4)加工变形预测与控制是大型整体结构件制造工艺研究的关键问题之一。利用有限元仿真技术研究和解决整体结构件数控加工变形问题已成为当前研究工作的热点。在利用有限元仿真方法对加工变形进行预测的基础上,结合刀具参数、切削参数、加工方式以及加工路线进行工艺参数优化,实现大型整体结构件加工变形的有效控制是一个重要的研究课题。

大型航空整体结构件的数控加工程序通常可达数百条,也无巨大的毛坯可提供试切。在这种情况下,要确保一次加工合格,对数控程序的要求非常高,因此,必须采取有效手段花大量时间在计算机上进行模拟切削,检验程序,以确保程序正确。大型航空整体结构件是数控加工领域公认的难题之一,因而对加工中所涉及的机床、刀具、工装、切削参数、编程方法、仿真技术、测量技术、变形控制、切削效率等技术都提出了更高的要求,必须设计科学、严谨的工艺规程才能保证大型钛合金整体框数控加工的质量。

6.2.2 飞机制造的连接工艺

连接技术是飞行器制造技术的重要组成部分,也是现代工业中不可或缺的环节。连接技术主要由焊接技术、机械连接和黏结技术等三种组成。特别是在飞机制造、发动机制造生产中,连接技术是不可缺少的一项重要技术,时代的发展使得连接技术时时需要面对来自各个方面不同的挑战,同时不断涌现的新科技和新成果赋予了先进连接技术新的起点。挑战之一就是新型材料的出现对连接技术提出的挑战。新型材料的挑战也成为连接技术发展的重要推动力之一。许多新型材料,比如碳-碳复合材料、陶瓷、耐热合金、钛合金、金属基、陶瓷基等的连接,特别是异种材料之间的连接,采用普通的焊接方法已经无法满足实际运用各方面性能的需要,因此一些新型的连接技术应运而生。

飞机的部件装配和总装工作量占直接制造(即不包括生产准备、工艺装备制造)工作量的50%~70%,飞机零件以铆钉连接为主,在重要接头处还应用螺栓连接,且手工劳动是主要的工作方式,工作量很大,加之飞机制造中要使用大量的成形模胎、模具、装配型架和供协调用的标准工艺装备(样板、标准样件等),使得生产准备工作十分繁重,飞机生产的周期也比较长。

随着工业化进程的推进,辅助设计和制造技术提高了飞机生产的自动化程度,自动压铆机取代了手工铆接,提高了铆接生产率,改进了铆接质量,改善了装配工人的劳动条件,大量压缩了生产准备工作量,缩短了飞机的生产周期。

如今,飞机制造的主要连接工艺有以下几种类型:熔焊用于起落架、发动机架等钢制件的连接;触点焊和滚焊用于不锈钢和铝合金钣金件的连接;金属胶接用于制造蜂窝结构。胶接制件表面光滑,疲劳特性好,但对于胶接面的准备、加温、加压控制都有严格要求。现代飞机制造技术采用电子束焊、钛合金扩散连接、胶铆、胶接、螺接、胶接点焊等多种连接工艺。

在航空工业众多的连接工艺中,焊接工艺是飞机制造中常用的连接工艺。焊接技术被广泛用于航空发动机结构中。焊接结构在喷气发动机零件总数中所占的比例已经超过 50%,焊接的工作量占发动机制造总工时的 10% 左右。俄罗斯凭借其高水平的焊接技术、系统的焊接结构研究成果,将结构设计、选材和焊接技术的发展紧密结合,在飞机制造中大量采用焊接技术。20 世纪 70 年代初研制出的苏-27 飞机极具代表性,焊接技术的应用几乎遍及全机,除了常规的 TIG 焊用于飞机导管、某些铝合金构件(点焊用于蒙皮、组合梁、框等零件的高强铝合金构件焊接)外,其他广泛采用焊接新技术。

1.先进焊接技术

随着焊接新技术的不断涌现,在现代飞机制造中焊接技术的应用越来越多。例如,以电子束焊接为代表的高能束流焊接技术工程,以其优质的接头性能、较小的焊接变形等特性而逐渐成为飞机某些重要构件焊接的主要方法。搅拌摩擦焊新技术具有低于熔点塑性连接的特点,接头力学性能接近母材,能实现一般焊接方法无法实现的高强铝合金焊接。这将给飞机铝合金结构件(如壁板、蒙皮、梁、桁等)加工带来革命性的变化。

苏-27 飞机广泛采用焊接新技术,如电子束焊、穿透焊、双弧焊、高频感应组装钎焊、潜弧焊等,焊接部件达 800 多个,零件达数千件。随着焊接技术的发展,图波列夫设计局采用电子束焊接长寿命钛合金整体壁板、米格-29 的铝锂合金整体油箱等结构。在欧美国家的现代飞机制造中,由于新的搅拌摩擦焊焊接技术的出现,使得原来不能用或不推荐用于焊接结构的高强铝合金的焊接成为可能。

2.先进机械连接技术

现代飞机的安全使用寿命要求日益增长,要求军机寿命、干线大飞机寿命分别达到 8 000 飞行小时和 50 000 飞行小时以上,为了提高飞机结构连接的抗疲劳性能,采用了长寿命的干涉配合连接技术,并发展了相关的自动化设备。

(1)为了消除制孔缺陷引起的应力集中,采用光洁制孔技术,实现了精密制孔。国外采用的先进制孔设备除数控自动钻铆机制孔外,还有机器人制孔、带激光引导的精密数控制孔中心。例如,F-16 的垂尾石墨/环氧复合材料蒙皮采用了机器人制孔,不仅保证了制孔的质量,提高了制孔效率,还避免了石墨粉尘对操作人员的伤害;F-22 部件的快速装配技术,要求制孔精度更高、质量更精细,因此采用了自动化激光定位的精密数控制孔中心制孔。

(2)为了减轻结构质量,提高连接强度,现代飞机所用紧固件大量采用钛合金、新型铝合金紧固件及干涉连接件。美国研制、生产的紧固件主要有高强紧固件、钛紧固件、防腐紧固件和特殊用途紧固件,其中,着重开发复合材料结构用的紧固件系统,如铆接用钛铌铆钉系列产品、轻型钛高锁螺栓、钛环槽钉及干涉钛环槽钉系统、钛合金单面螺纹抽钉、干涉抽钉、特大夹层(3.5mm)抽钉系统,以及用于蜂窝结构的可调预载紧固件系统。

(3)为了提高铆接结构的自动钻铆率,扩大自动钻铆在飞机结构连接中的应用,尤其是对大型复杂结构件和不开敞、难加工部位的装配,发达国家的飞机连接装配已由单台数控自动钻铆机的配置,向多台数控自动钻铆机、托架系统配置或自动钻铆设备和带视觉系统的机器人、大型龙门机器人、专用柔性工艺装备及坐标测量机等多种设备不同配置组成的柔性自动装配系统发展。

(4)电磁铆接可进行难成形材料、大直径材料及厚夹层材料的铆接,可以在结构上实现均匀的干涉配合连接,电磁铆接自动化设备已用于生产。这种设备占地面积很小,装配机上还配有伺服驱动的检测探头和摄像系统,以确定机床及产品的位置和检测孔的质量,可对每根梁进行自动钻孔,对紧固件进行定位、安装和铆接。

3. 未来发展趋势

西方国家为了满足研制高水平、高性能飞机的需求,制造商越来越多地采用焊接结构,其中电子束焊接作为一种先进的焊接技术,已广泛应用于飞机主要承力构件的制造。其中,以格鲁门公司为代表,他们认为机械加工后进行电子束焊接是一种制造起落架、飞机大梁和结构骨架的正确方法。美国 F-22 战斗机、欧洲 EF-2000 战斗机机体的部分承力结构、欧洲四国合作研制的 EJ-200 发动机第三级风扇钛合金整体叶盘等均采用了电子束焊。俄罗斯拥有世界最先进的焊接技术,系统的焊接结构研究成果与结构设计、选材和焊接技术的研发紧密结合,在飞机制造中大量采用。

(1)激光焊接技术。

激光焊接是以激光为热源进行的焊接。激光是一束平行光,用抛物面镜或凸透镜聚焦,可以得到较高的功率密度。用高密度的激光热源进行焊接,可焊接熔深要求较大的焊缝。

激光焊接具有能量密度高、热影响区小、空间位置转换灵活、可在大气环境下焊接、焊接变形极小等优点。它主要用于飞机大蒙皮的拼接以及蒙皮与长桁的焊接,以保证气动面的外形公差。另外在机身附件的装配中也大量使用了激光焊接技术,如腹鳍和襟翼的翼盒。近年来,激光焊接也多用于薄壁零件的制造中,如进气道、波纹管、输油管道、变截面导管和异型封闭件等。

(2)电磁铆接技术。

电磁铆接可代替大功率压铆设备进行大直径、高强铆钉的铆接。电磁铆接自动化设备将高能、低质量电磁铆接动力头应用于自动钻铆机,同以液压为铆接动力的自动铆接设备相比,配置电磁铆动力头的自动铆接设备由于不配合液压系统及用于承受铆接后坐力的弓形架,可大大简化设备的结构,减小设备的质量和体积。

(3)自动铆接技术。

飞机结构所承载荷通过连接部位传递,形成连接应力集中。飞机机体疲劳失效事故的70%起因于结构连接部位,其中 80%的疲劳裂纹发生于连接处,因此连接质量极大地影响着飞机的寿命。由于自动钻铆装配设备可以实现稳定的、高质量的连接,所以自动化技术也在逐渐应用于飞机连接技术上。目前连接装配机械化、自动化主要体现在制孔自动化、铆接自动化、装配自动化。自动钻铆制孔主要是对壁板类零件和组件进行制孔,然后进行自动铆接,使用部位主要是金属结构的壁板类零件。机器人制孔是为了解决特殊需要,如应用于复合材料零件及自动钻铆机制孔不易实现的部位,或在自动化装配生产线上使用具有重复精度高、生产效率高的自动化装备。

（4）胶接连接技术。

胶接技术可用于连接不同材料、不同厚度、二层或多层结构。胶接结构质量轻，密封性能好，抗声振和颤振的性能突出。胶层能阻止裂纹的扩展，具有优异的疲劳性能，此外胶接结构制造成本和维修成本低。

（5）金属蜂窝夹层黏结技术。

利用胶接技术将各向同性的铝合金薄板与各向异性的纤维复合材料结合起来，可以得到兼具二者优点并克服各自缺点的新型结构材料——纤维铝合金复合层板胶接结构。胶接蜂窝黏结结构在大飞机上的应用前途宽广。

基于芳伦纤维的复合层板称为 ARALL(Araid Aluminum Laminate)结构，基于玻璃纤维的复合层板称为 GLARE(Class Fiber Reinforoed Aluminum Laminates)结构。

GLARE 层板具有比 ARALL 层板更好的损伤容限和更宽的应用范围，ARALL 层板的芳纶纤维抗压性能差，在循环压应力作用下容易断裂，因此，ARALL 层板只能用作机翼下蒙皮，而不适合用作机身蒙皮，GLARE 层板结构不存在这个问题。Airbus 公司正在研制的 A380 大型宽体客机将采用 GLARE 制造机身上壁板，包括整个客舱的上半部分，比采用铝合金板减重 800 kg。这预示着复合层板在大型军、民用运输机上将有较好的应用前景。

为了满足飞行器对减轻自身质量、提高性能越来越高的需求，先进的连接技术将会起着越来重要的作用，同样也会带来更多的挑战。现代飞机的安全使用寿命要求日益增长，而手工铆接难以保证寿命要求，必须采用自动钻铆装配设备实现稳定的高质量的连接。

6.2.3 难切削材料加工

近几年来，随着航空工业、宇宙开发和原子能工业的发展，各种耐热合金、钛合金、陶瓷和非磁性材料的使用量日益增加，碳素纤维或玻璃纤维强化塑料，以及各种复合材料和轻质高强合金作为新型的工业材料，也已引起人们的重视。这些材料大都具有卓越的物理机械性能，但难以加工。要进行高效、批量生产，有许多问题尚待解决。难加工程度也往往由于加工方法不同而颇有差异。

1. 难切削材料的定义

随着现代生产和科学技术的迅速发展，各种机械对结构材料的使用性能提出越来越高的要求，因而出现各种超高强度、耐高温和耐腐蚀的新型材料。它们有的强度极限在 150 kg/mm² 以上，有的能耐 700～800℃ 的高温，有的能在腐蚀性很强的气体介质中工作。可是，这些材料切削起来十分困难，我们把它们叫作难切削材料。

对被加工材料进行切削的难易程度究竟应该以什么样的标准来加以评定呢？通常可以从以下三方面来衡量：

（1）刀具耐用度的高低；

（2）加工表面质量的好坏，包括表面光洁度、表面变质层以及加工精度；

（3）切屑处理的难易程度。

部分金属材料加工性等级表见表 6-1。

表 6-1 部分金属材料加工性等级表

名称及种类	加工性指数	代表性材料
较难切削材料	0.5～0.65	45Cr 调质(σ_b=105) 1Cr18Ni9Ti 60Mn 调质(σ_b=95～100)
难切削材料	0.15～0.5	GH33,GH135 钛及钛合金 TAl,TC4
很难切削材料	0.15 以下	镍基高温合金 GH37 铸造 K1,TL-1,K3

2. 难切削材料的切削特点

难切削材料主要有以下切削特点：

(1)切削力大；

(2)切削温度高；

(3)加工硬化倾向大；

(4)刀具磨损大；

(5)切屑难处理。

3. 难切削材料国内外研究进展

20 世纪 60 年起,美国、德国、瑞典以及英国等国家先后建立了切削数据的研究和服务中心,针对难加工材料的切削用量、几何参数等进行了大量的试验研究,经过 20 年的努力,现在已能提供成熟的切削数据。20 世纪 80 年代末到 90 年代初,出现了许多新型难加工材料,因此人们开始了对新型难加工材料的研究。日本学者高津雄光对难加工材料进行了研究,指出切削难加工材料时,必须充分了解材料的成分和性能,以及刀具材料的性能,才能取得良好的效果;俄罗斯伏尔加汽车厂,曾使用超硬材料刀具车、镗、铣难加工的汽车零件,取得了合理的切削用量;苏联学者对难加工材料因瓦(invar)合金的切削加工进行了研究,提出为了改善因瓦合金的加工性能,一般都要加入 0.1%～0.4%Se 元素,制成易切削的因瓦合金,这样切削起来比较容易。

我国在难加工材料方面的研究起步较晚。北京重型机械厂通过对 62Si2Mn 高强度钢进行切削试验,认为要获得较高的生产率,须用高性能的新型刀具材料;北京理工大学对高锰钢进行车削试验,探讨了刀具材料、几何参数及切削用量的变化规律;合肥工业大学李旗号等对高硬度镍基喷焊合金进行切削加工试验,确定了刀具合理的几何参数,得出了刀具耐用度与切削用量的关系式;山东工业大学黄传真对难加工材料 GH99 进行了切削加工试验,研究了切削速度和进给量对刀具磨损的影响,并对切削条件进行了优化;武汉理工大学张远志对不锈钢及高温合金进行了切削试验,并通过试验对切削条件进行了研究,为有效切削同类难加工材料提供了参考;南京航空学院切削加工研究所研究了难切削材料的切屑处理问题,通过切削加工试验,得出影响切屑处理的主要因素,并提出了正确设计或合理选用刀片槽宽的计算公式;西安空间无线电技术研究所范铁军,对精密因瓦合金薄壁件制造工艺进行了研究,并设计了工艺方案流程,为薄壁因瓦合金件的切削提供了可行的加工方法;北京空间机电研究所的邢绍美对

4J32 低膨胀合金及其工艺性进行了研究,初步掌握了 4J32 的切削规律;彩虹彩色显像管总厂王建平对因瓦合金阴罩的加工工艺进行了研究,该工艺已成功应用于因瓦合金彩管的制造中,为彩管高精细化和大屏幕化的发展,打下了坚实的基础;太原机械学院庞学慧对铸造镍基合金切削加工进行了试验研究,得出了切削镍基合金的最佳的刀具几何参数、切削用量及刀具磨损规律。

4. 难加工材料切削技术的新发展

（1）采用高性能的新刀具材料。

在难加工材料的切削加工中,刀具材料是最活跃的因素。新刀具材料的出现和应用有力地推动了难加工材料切削加工效率的提高。当前,新型高速钢有各种超硬高速钢、粉末高速钢和涂层高速钢,切削性能比普通高速钢大为提高。新型硬质合金有各种添加钽、铌等元素的 WC 基合金,细晶粒和超细晶粒的 WC 基合金,TiC 基和 Ti（C,N）基合金,涂层和稀土硬质合金,还有热压复合陶瓷和超硬刀具材料 CBN、金刚石等,可以分别用于切削各种难加工材料。

（2）采用非常规的新切削方法。

上述各种新型刀具材料仍是在常规的切削状态下工作的。但有时刀具材料的性能尚不敷需要。例如,对于某些高硬度材料的加工,新型硬质合金的硬度和耐磨性不足,因此不得不降低切削速度,从而使得加工效率不够高。CBN 和金刚石刀具硬度虽高,但强度不足,且金刚石不能加工黑色金属,故只能在一定的切削条件下用于难加工材料的加工。

1）加热切削法。一种是导电加热切削,即在工件和刀具的回路中（工件必须是导电体）施加低电压（约 5 V）、大电流（约 500 A）,利用刀具、工件间及剪切面处的电阻,使切削区产生热量,从而使局部工件材料的力学性能、接触和摩擦条件都发生变化。另一种是等离子体加热切削,即用等离子弧对靠近刀尖、将要被切除的工件材料进行加热,使其硬度、强度降低,从而改善切削条件。两种方法的效果相近,可较大幅度地降低切削力,消除积屑瘤等现象,从而降低表面粗糙度,在切削中刀具耐用度有明显提高。因此用加热切削法进行大切深、大进给硬材料加工是有效的。沈阳工业大学和北京理工大学曾用等离子体加热切削法加工高锰钢和高强度钢,华南理工大学和安徽工学院曾用电热切削加工高强度钢及其他材料,取得了系统的试验数据,并部分在生产中得到了应用。

2）低温切削法。低温切削法是用液氮（－180℃）或液体 CO_2（－76℃）作为切削液,降低切削区温度。据试验,用低温切削法切断时,主切削力可降低 20%,切削温度可降低 300℃ 以上,同时积屑瘤消失,提高了已加工表面质量,刀具耐用度可提高 2～3 倍。在加工高强度钢、耐磨铸铁、不锈钢、钛合金时均有明显的效果。

3）振动切削。振动切削是用不同形式的振动发生器,使刀具发生强迫振动。振动频率大于 10 kHz 者为高频,振动频率小于 200 Hz 者为低频。振动方向有 V 方向、F 方向等,V 方向振动较常用。振动切削可使切屑间摩擦系数和切削力大幅度降低,变形系数及切削温度亦下降,积屑瘤消失,加工硬度降低,故能提高已加工表面质量。但对刀具耐用度不利,因此必须采用韧性强的刀具材料（如高速钢、超细硬质合金等）。国内有十余所高等院校及研究所对振动切削进行过研究,被加工材料涉及钛合金、淬硬钢、不锈钢、热喷涂层、紫钢、陶瓷及 GFRP 等,工种有车削、攻丝、钻孔、铰孔等,都取得了较好的效果。如同时使用切削液,效果尤佳。

4）真空中切削。在真空中切削出现了一些不同于在空气中切削的现象。日本东洋大学对真空中切削进行了研究。加工铜、铝时,真空度对变形系数、切削力及已加工表面粗糙度无影响。但加工中碳钢和钛合金时，真空度越大，其变形系数、切削力及粗糙均增大，这是因为在真空中刀屑界面不能产生有利于减小摩擦的氧化物。如此看来，在真空中切钢并不一定是有益的。

5）有惰性气体保护下切削。这也是针对切削钛合金这类材料所采取的一种措施。南京航空学院曾在钛合金的切削区喷射氩气，使切削区材料与空气隔离，因而被加工材料不与空气中元素化合成不利于加工的化合物，从而改善了钛合金的加工性。这种方法对化学性质比较活泼的金属有一定的加工效果。以此类推，如果采用某些特殊成分的切削液，也会有效果。

6）绝缘切削。在切削过程中，如将工件、刀具连成回路，则可看出有热电势，回路中有热电流，刀具磨损加剧。如将工件、刀具与机床绝缘，切断电流，则刀具耐用度有所提高。西北工业大学用这种方法钻削高温合金 K14，西安黄河机械厂用这种方法切削 1Cr13、2Cr13 钢，均有不同程度的效果。这种方法的机理虽未查明，但简单易行，有使用价值。

7）超高速切削。在常规切削下，切削速度的提高将使刀具耐用度降低。然而，有人提出，当切削速度提高到一个临界值时，切削温度就达到最高值，然后温度将随着速度的继续提高而降低，切削力也下降，零件表面质量好。这就是超高速切削的理论基础。美国、德国、日本的学校和工厂在这方面有很多实践，用硬质合金、陶瓷刀具切削钢、铸铁、钛、铝合金等材料，切削速度达 500～800 m/min 甚至 3 000～ 8 000 m/min，刀具耐用度尚能保持在正常水平。但这种切削方法常受到设备条件的限制而不能推广。超高速切削能否在难加工材料切削中发挥作用，尚有待探讨。

（3）采用特种加工方法。

以上切削方法都离不开刀具，即用高硬度材料作为刀具切除较软材料的余量。自 21 世纪初以来，人们相继研究出一些与上述切削加工原理完全不同的加工方法，如电火花加工、电解加工、超声加工、激光加工、电子束加工、离子束加工等，这些加工方法均称为特种加工方法。

在切削加工中，刀具与工件之间有着相互对立又相互推动的作用。自 20 世纪以来，工件材料，特别是难加工材料的品种和性能有了很大的发展，刀具材料也随之出现了惊人的发展。提高刀具材料的性能是解决难加工材料加工问题最有效的手段。刀具材料与工件材料有着匹配的关系，它们之间要在机械（力学）、物理、化学性能方面有着良好的匹配。许多非常规切削加工方法和特种加工方法的出现为难加工材料的加工增添了新的途径。

6.2.4　复合材料成形及加工技术

复合材料是由两种或两种以上的不同材料组合而成的机械工程材料。各种组成材料在性能上能互相取长补短，产生协同效应，使复合材料的综合性能优于原组成材料，从而满足各种不同的要求。复合材料的组成包括基体和增强材料两部分。

1. 复合材料成型技术

目前聚合物基复合材料成形的方法已有 20 多种，并成功地用于工业生产，如手糊成形工艺-湿法铺层成形法、喷射成形工艺、树脂传递模塑成形技术、袋压法（压力袋法）成形、真空袋压成形、热压罐成形技术、液压釜法成形技术、热膨胀模塑法成形技术、夹层结构成形技术等。

预浸胶布制备工艺与树脂传递模塑成形为两种较常用的制备工艺。

（1）预浸胶布制备工艺。

预浸胶布是生产复合材料层压板材、卷管和布带缠绕制品的半成品。预浸胶布生产所需的主要原材料有增强材料(如玻璃布、石棉布、合成纤维布、玻璃纤维毡、石棉毡、碳纤维、芳纶纤维、石棉纸、牛皮等)和合成树脂(如酚醛树脂、氨基树脂、环氧树脂、不饱和聚酯树脂、有机硅树脂等)。

预浸胶布的制备是使用经热处理或化学处理的玻璃布,经浸胶槽浸渍树脂胶液,通过刮胶装置和牵引装置控制胶布的树脂含量,在一定的温度下,经过一定时间的烘烤,使树脂由 A 阶转至 B 阶,从而得到所需的浸胶布。通常将此过程称为玻璃的浸胶。

(2)树脂传递模塑成型(RTM)。

树脂传递模成形(Resin Transfer Molding,RTM)工艺如图 6-1 所示。RTM 起始于 20 世纪 50 年代,是手糊成形工艺改进的一种闭模成形技术,可以生产出两面光的制品。在国外属于这一工艺范畴的还有树脂注射工艺(Resin Injection)和压力注射工艺(Pressure Infection)。RTM 的基本原理是将玻璃纤维增强材料铺放到闭模的模腔内,用压力将树脂胶液注入模腔,浸透玻纤增强材料,然后固化,脱模成形制品。从目前的研究水平来看,RTM 技术的研究发展方向将包括微机控制注射机组、增强材料预成形技术、低成本模具、快速树脂固化体系、工艺稳定性和适应性等。RTM 成形技术的特点有以下几项:

1)可以制造两面光的制品;

2)成形效率高,适合于中等规模玻璃钢产品的生产(20 000 件/年以内);

3)RTM 为闭模操作,不污染环境,不损害工人健康;

4)增强材料可以任意方向铺放,容易实现按制品受力状况铺放增强材料;

5)原材料及能源消耗少;

6)建厂投资少,上马快。

RTM 技术适用范围很广,目前已广泛应用于建筑、交通、电信、卫生、航空航天等工业领域。已开发的产品有汽车壳体及部件、娱乐车构件、螺旋桨、8.5 m 长的风力发电机叶片、天线罩、机器罩、浴盆、沐浴间、游泳池板、座椅、水箱、电话亭、电线杆、小型游艇等。

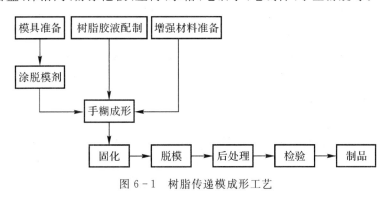

图 6-1 树脂传递模成形工艺

2.复合材料加工技术

复合材料的机械加工通常分为常规加工和特种加工两种方法。常规加工方法基本沿用了对金属的一套切削加工工艺和设备,较为简单,工艺也较成熟,但难以加工形状复杂的工件,刀具磨损快,加工质量不高,且切削粉末对人体健康有害。特种加工方法采用刀具几乎不与工件接触或者根本不接触的方式,刀具磨损小,容易监控,且有利于自动化的操作,但由于不同种类复合材料的特性不同,特种加工不具有通用性,目前应用最多的还是常规加工方法。

复合材料常规切削加工刀具磨损快，不易加工形状复杂的工件，易产生切削粉末，该粉末对人身健康有害。非接触刀具切割法的优点在于刀具磨损小且容易监控，由于刀具机械运动造成的工件切割面损伤可以忽略不计，所以不会造成工件的形状变化。目前用于复合材料机械加工的特种方法有激光束加工、高压水切割、高压水磨砂切割、电火花加工、超声波加工、电子束加工和电化学加工等。

(1)激光束加工。

激光加工基于强的热源，它能局部气化材料，留下极小的高热影响区。激光加工时能会聚直径为 0.1 mm、能量超过 10^8 W/cm^2，的光束，可用于切割各种材料。激光切割的特点在于切缝小、速度快、能大量节省原材料和可以沿任何方向切割出各种复杂的形状，工件的撕裂和损伤较小。切割复合材料，工业上常用两种激光器：①掺钕钇铝石榴石激光器(Nd：YAG)，其波长为 1.06 μm，脉冲重复频率高达 200 次/s。这种激光器能有效地切割不含有机树脂的金属基复合材料，有机材料碰到这种波长的激光束会发生分解。②二氧化碳激光器，其波长为 10.6 μm，加工脉冲宽度 10～4 μs。CO$_2$ 激光器发出的激光能有效地被大多数有机材料所吸收。这种激光器的优点是能减少高热影响区，原因是在脉冲之间产生了一定的冷却。二氧化碳激光器已成功地应用于切割玻璃纤维层板，沿切割边缘的热影响区很窄，且玻璃纤维断头被熔融，可防止纤维磨散。凯夫拉/石墨/环氧或凯夫拉/环氧层压板可采用 1 200 WCO$_2$ 激光器切割，切割边缘光滑，无磨散，几乎不需要二次修整。比较而言，凯夫拉层板的切割性能最好，其次是玻璃纤维层板，最差的是石墨纤维层板，原因是石墨有高的离散温度和强导热性。

(2)高压水切割和高压水磨砂切割。

高压水切割的原理是高压水经小孔喷嘴射向材料，将工作水流动能转化为压力，使材料断裂而被切割。该方法切口质量和结构完整性优于常规机械切割，而且无切屑粉末飞扬。这种技术已在航天和其他工业领域获得了广泛的应用，可用于切割碳纤维/环氧、有机纤维/环氧、硼纤维/环氧和玻璃纤维/环氧等大量金属基和非金属基复合材料。高压水切割喷嘴直径可小到 0.13 mm，水压可超过 350 MPa。高压水磨砂切割与高压水切割的区别在于高压水流中混有磨砂粒子，它主要用于切割金属基复合材料(B/AI,SIC/Al)和陶瓷材料。高压水磨砂切割的质量取决于以下主要参数：液压参数、磨砂参数、混合室参数、流通参数、被切割材料类型等。高压水切割时射水(含有磨砂更好)速度很高(可达 800 m/s)，切割速度很快，对材料损伤很小，且无切屑，特别适宜于金属基复合材料的切割。

(3)电火花加工。

电火花加工是基于电火花侵蚀的电加工方法。在介电材料隔开的工件与电极之间加电压，当所加电压足以击穿介质时即产生电火花，电火花产生的局部温度可达 12 000℃，这足以熔融、气化材料，在工件表面形成一个小火口。该方法适宜于均匀导电材料的切割加工(如金属基复合材料、具有良好导电性的复合材料等)。此方法的优点在于工件不会产生裂纹，因而可减少疲劳致损，且加工表面粗糙度低于 25 μm。电火花加工的缺点在于工具磨损太快、加工成本较高、应用较少。现在应用此法加工的有加有导电添加剂的陶瓷及复合材料，如 Si$_3$N$_4$。

(4)超声波加工。

超声波加工以工件表面与高速磨砂粒子(悬浮液中所带)的撞击为基础，超声波振子引起有关工具小振幅(0.05～0.125 mm)和高频(20～30 kHz)直线振动，所用磨砂粒子多为 Si$_2$O$_3$,SiC,B$_2$O$_3$ 或其他类似材料。磨砂粒度，粗加工为 100 目，精加工为 1 000 目。精加工公差可达 0.013 mm。超声波适合在硬而脆的材料(如 WC、宝石和陶瓷材料)上打孔和开槽。
超声波加工刀具如图 6-2 所示。

　　特种加工方法还有电子束加工法、电化学加工法等,这些加工方法都有自身的优点和适宜
的条件,但由于自身的局限性和缺点还得不到广泛的应用。

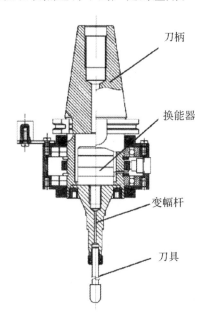

图 6-2　超声波加工刀具

　　综观复合材料的各种特种加工方法,大都具有刀具磨损小、加工质量高、能加工复杂形状
的工件、容易监控和经济效益高等优点,但也都存在各自身的不足和局限。随着科学技术的发
展,复合材料特种加工技术将不断得以完善,将有望成为未来复合材料加工的主流。

6.2.5　先进测量技术

　　先进测量技术指在一定时期内,用顶尖或先进的科学手段测量某一物理量的方法。高端
测量仪器是指在同类产品中原理和技术先进、工艺精度要求高、结构复杂、集成性高、可靠性
好、常规仪器不可替代的测量仪器。先进测量技术往往和高端测量仪器有着密切的联系。高
端测量仪器与科研、工业、民生、军事和国防等诸多方面息息相关。

　　1. 测量与科学研究

　　俄罗斯化学家门捷列夫认为:"没有测量,便没有科学。"英国物理学家瑞利从化学提纯的
氮和空气中的氮密度千分之几的微小差别中,推断出氩气的存在,在元素周期表中填补了惰性
元素一族的空白。测量科学的先驱开尔文说:"一个事物你如果能够测量它,并且能够用数字
表示它,说明你对它就有了深刻的了解;但你如果不知道如何测量它,且不能用数字表示它,那
么你的知识可能是贫瘠的,是不令人满意的。"可见,测量是深刻认识事物的基础。

　　诺贝尔奖是科学界的最高荣誉,自颁发以来,已经有相衬显微镜、X 射线断层扫描仪
(CT)、高分辨率激光光谱仪、透射电子显微镜、扫描隧道显微镜、核磁共振技术和高分辨率荧
光显微技术等一系列测量仪器或技术获得诺贝尔奖,足以说明测量在科学研究中的重要地位。

2.测量与工业生产

工业是国民经济的重要支柱,而精密加工制造业技术含量高,同时国外对相关技术及设备出口实行垄断控制,需要投入大量人力和物力进行研究开发。精密加工在工业发展中具有重要地位,直接影响国家尖端技术和国防工业的发展。近年来,随着高精密仪器仪表、光学和激光等技术的迅猛发展和广泛应用,对精密加工制造的设备需求也越来越大,同时精密制造业的经营结构和产品结构也在逐步发生变化。高精密检测仪器可以更好地为精密加工业提供质量保证。测量在一定程度上可以认为是加工的极限,精密加工制造需要高精密测量设备的支撑。因此,测量技术的进步也必将促进精密制造业的发展。

3.先进测量技术及研究进展

高端测量仪器一般依赖于某种先进的测量原理、工艺或算法等,以实现高精确度和准确度、高稳定性、高可靠性等目标。按测量时被测表面与计量器具的测头是否接触可分为接触式测量和非接触式测量。工业上常用的接触式测量方法主要包括有三坐标测量机和扫描探针显微技术。非接触式测量方法分为超声波测量、电磁测量、光学测量等。由于光学测量具有非接触、高效率、高准确度、可溯源和易于实现自动化的特点,长期以来一直是测量技术研究的热点。光学测量又可分为相干和非相干两类。测量方法的分类见表6-2。

表6-2 测量方法分类

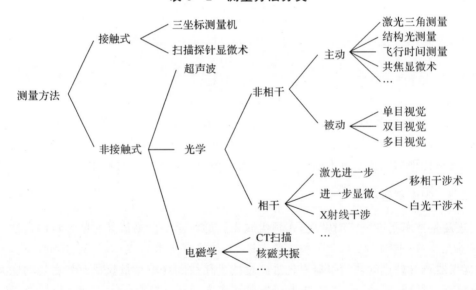

4.扫描探针显微技术

扫描探针显微技术指利用探针与样品间的不同作用原理探测物体表面相关性质的方法。扫描隧道显微镜(Scanning Tunnel Microscope,STM)和原子力显微镜(Atomic Force Micro Scope,AFM)等统称为扫描探针显微(Scanning Probe Microscope,SPM)。SPM是最前沿的纳米测量技术之一。AFM是SPM中的典型代表,是一种可用来研究包括绝缘体在内的固体材料表面结构的分析仪器。AFM基本原理如图6-3所示,它通过检测待测样品表面和一个微型力敏感元件之间极微弱的原子间相互作用力来研究物质的表面结构及性质。将对微弱力极其敏感的探针微悬臂一端固定,另一端的微小针尖接近样品,这时针尖将与样品相互作用,作用力将使得微悬臂发生形变或运动状态发生变化。扫描样品时,利用传感器检测这些变化,就可获得作用力分布信息,从而以纳米级分辨率获得表面形貌结构信息及表面粗糙度信息。近年来,在 AFM 基础上各种扫描力显微术发展很快,主要有静电力、摩擦力、磁力、剪切力等显微术,可以应用于非导体、磁性物质甚至有机生物体等表面的纳米级测量。

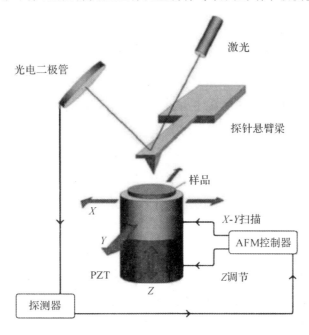

图 6 - 3　AFM 原理示意图

此外,先进测量技术还有激光扫描荧光共焦显微成像及测量技术(见图 6 - 4)、双目视觉测量技术、白光干涉扫描测量技术(见图 6 - 5)。

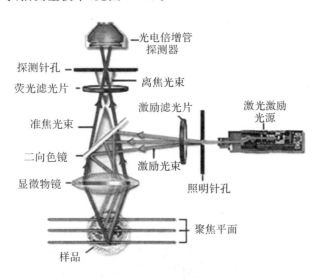

图 6 - 4　激光扫描荧光共焦显微成像原理

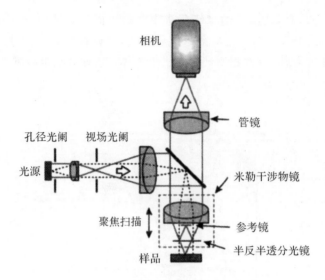

图 6-5　白光干涉扫描测量系统光路

5. 先进测量技术的应用

先进测量技术的应用涉及众多领域,下面介绍以先进测量技术为核心的多种测量手段融合的柔性测量,以加工制造和测量相互反馈的在线测量,以微小化、集成化测量复杂环境的微机电系统(Micro-electro-mechanical System,MEMS)多传感测量。

(1)柔性测量。

柔性测量是指由于某种测量方法在实际测量过程中存在约束和限制,需要结合其他一种或多种测量方法和技术,以实现灵活(柔性)、智能的测量。随着先进制造技术的不断发展,测量对象越来越复杂,对测量系统的精度和效率、柔性和自动化水平的要求也在不断提高。对于具有复杂特征或极限尺寸的物体,利用单一传感器难以精确、快速、完整地获取其几何尺寸和形貌特征。因此,现代测量系统需要结合多种类型的测量传感器,形成功能互补,以满足测量的实际需求。如将视觉传感器和激光测头安装到三坐标测量机上,实现自适应测量路径规划,可有效提高自由曲面接触式数字化测量的效率和精度。图 6-6 为融合多种测量方法的复合式飞机轮廓测量示意图。

图 6-6　复合式飞机轮廓测量示意图

（2）在线测量。

在工业生产领域,包含曲面的工业部件非常多,其设计与在位、在线视觉测量越来越受到重视。快速、准确地对这些复杂曲面部件进行三维测量,不仅可以缩短生产周期,还能及时对产品生产加工过程进行反馈,提高加工精度,对数字化制造有着无可替代的作用。发展闭环反馈式测量技术,实现测量和加工控制的一体化已成为趋势。机械制造在线测量具有快速、高效、实时性强、可靠性高和抗干扰能力强等特点,在闭环控制情况下进行误差补偿,使加工质量得到保证。目前,机床的误差补偿已由机构误差和简单热变形误差向处理动态误差和比较复杂的热变形误差方向发展。在高精度和超精度加工中,实时补偿对加工质量的提升有很大的积极作用。

（3）MEMS 多传感测量。

20 世纪 60 年代,在硅集成电路制造技术发明后不久,研究人员就想利用这些制造技术以及硅的很好的机械特性制造微型机械部件,如微传感器、微执行器等。如果把微电子器件同微机械部件集成在同一块硅片上,就是微机电系统。一般来说,MEMS 采用微电子批量加工工艺制造,是集微型机构、微型传感器和微型执行器于一体的具有信号感知、处理和执行能力的微型系统。图 6-7 所示为一种天气监测系统 MEMS 芯片图,4 个不同物理量的传感器集成在同一芯片上。与一般传感器相比,MEMS 传感器具有体积小、质量轻、成本和功耗低、适应性强、适于批量生产、易于集成和实现智能化等优点。微米量级的特征尺寸使其不但可以完成某些传统机械传感器不能实现的功能,而且能适应各种极端工作环境,比如高位、高压环境测量。

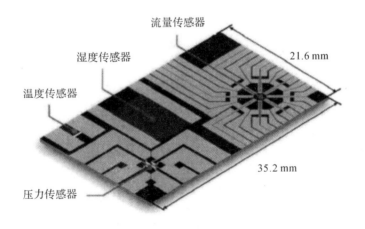

图 6-7　大气监测系统 MEMS 芯片

6. 先进测量技术发展趋势

先进测量技术的发展包括计量基础前沿研究、精密/超精密测量与极端条件测量技术的发展、通用化与标准化发展、测量活动的服务化等。

（1）计量基础前沿研究。

计量对科技具有很强的引领和促进作用,如果没有计量测试技术的创新与发展,没有计量测试所提供的准确、可靠、一致、有效的数据,很难提出创新的思路,也很难验证创新的成果。

近、现代三次工业革命历程一次又一次证明了计量测试与科技发展之间密不可分的关系。

计量朝着高精度发展,促进了纳米技术、微电子技术、航天技术等现代科技的突飞猛进。原子能、生物、超导、半导体、电子计算机、激光和遥感等新技术的广泛应用,使计量技术日趋现代化,计量的宏观实物基准逐步向量子基准过渡,而新技术又带给计量更加广阔的发展空间。

（2）精密/超精密测量与极端条件测量技术的发展。

机械加工精度要求的提高,势必推动测量技术的发展。大型发电设备和航空航天机械系统等装备的开发使得测量范围从微观到宏观的尺寸不断扩大。极端测量还表现在测量对象的复杂化和测量条件的极端化。在现代制造系统中,部分测量问题出现测量对象复杂化、测试条件极端化的趋势,如需要在高温、高压、高速、高危场合进行测量,这些需求使得测量技术要适应环境的极端化。

（3）通用化与标准化发展。

为便于获取和传输信息,实现系统维护与升级,现代测量仪器的通用化、标准化设计十分重要。目前仪器零部件、接口类型及尺寸较多,随着高端测量仪器的发展,需要在国内甚至全球范围制定通用零部件、接口及总线系统标准,规范及引导其设计和生产,便于仪器系统的组建、互换、更改和联结等。采用通用化、标准化设计和制造,高端测量仪器将易于实现零部件之间的互换和组合,统一的接口易实现分散和大范围联网。当不需要使用整个检测系统工作,而仅需单一目标检测时,可单独使用系统中的某个智能部件;当观测多目标时,可将许多智能部件联结成大型智能测量系统,也可将多个大型智能测量系统联网,组成巨型智能测量网络。

（4）测量活动的服务化。

当测量系统实现网络化以后,仪器资源的应用将得到很大的延伸。当前蓬勃发展的物联网、云计算、并行计算、深度学习等网络和智能信息处理手段的应用将成为测量技术的一个发展方向,面向服务的体系结构在测量系统中的应用使得测量活动以一种服务的形式呈现,其请求和结果在网络中进行共享。测量活动的服务化,即测量活动从传统的制造、控制和测量活动的非现场事后测试,进入制造现场并参与制造过程,实现在线测量,促进制造系统的集成化与智能化,为现代集成制造系统奠定技术基础。

先进测量技术与高端测量仪器在科学研究、工业生产、医疗和航空产业等众多领域获得广泛应用,也是中国实现从制造大国向制造强国转变的基础和保障。

第7章 飞机制造工艺装备

7.1 工艺装备的作用和分类

7.1.1 概述

由于飞机产品的结构和它的工作环境不同于一般机械产品,在传统的飞机制造过程中,除了采用各种通用机床、常用工具和试验设备外,还需针对不同机型的零件、组合件、部件,制造专用工艺装备,如型架、夹具、模具、标准样件、量规等。这些专用工艺装备是用来对工件进行加工成形、装配安装、测量检查以及在工艺装备之间进行协调移形的。这些工艺装备对保证飞机零件、部件的质量,提高劳动生产率和减轻工人劳动强度有着重大的影响。在飞机研制过程中,特别在成批生产中,飞机零件数量很大、结构复杂、要求高、相互间又有协调关系,因此,在飞机制造中不得不采用大量工艺装备。苏-27飞机全机采用工艺装备总数达61 881项,比原歼击机增加很多,其中标准工装687项,生产用工装61 194项。在生产用的工装中,零件工装59 689项,装配工装约870项,试验设备(含地面设备)635项。在MD-82飞机生产中,麦道公司采用的工艺装备种类繁多,数量巨大,总数高达135 000多项。这样,在设计制造工艺装备时要耗费很多人力和很长周期,一般约占飞机研制周期的1/3,还要耗费大量资金,而且当生产机型改变时,这么多工艺装备基本上不能再用。这样,工艺装备的选用和制造就成为飞机制造中的一个十分重要的任务。

飞机工艺装备分为两大类:①生产工艺装备——直接用于零件成形和飞机装配的过程中,如模具用于成形零件,型架用于把零件装配成部件等;②标准工艺装备——作为生产工艺装备的制造依据和统一的标准,如用于安装型架的标准样件和取制成形模具的标准模型(表面标准样件)等。

飞机工艺装备的设计和制造的主要内容已从传统的机械加工向机电结合以及数字测量方向发展。而飞机制造技术所涉及的领域相当广泛,它包括装配、铸造、锻造、成形、机械加工、特种加工、焊接、热处理和表面处理、工艺检测等方面,这决定了工艺装备的多样性。随着现代科学技术最新成果的不断涌现,飞机制造技术已向采用新的综合技术的协调工作法,建立以飞机产品数字建模技术为主导,广泛采用新技术和综合化的完整工艺制造体系发展。新一代飞机将由新一代的制造工艺来实现,这必然引起工艺装备设计和制造技术的根本性变革。

7.1.2 飞机工艺装备的作用

飞机工艺装备是飞机制造中必备的一种设备或工具,用来保证飞机产品的质量,提高劳动生产率,减轻劳动强度,降低产品成本,从而提高产品的竞争能力。保证产品的质量最重要的是保证所设计飞机的几何外形和尺寸,通过工艺装备准确地传递到最终产品上。没有标准工艺装备,就无法保证飞机产品的外形准确度和部件间的协调互换。在很多情况下,如果没有部件装配用的型架和零件成形用的模具,就无法生产出合格的飞机产品。

1. 保证飞机制造的质量

(1)产品的几何参数准确度。

产品的几何参数准确度由飞机产品特点所决定,大多数飞机零件形状复杂,几何参数多,不能单靠零件自身的尺寸准确度来保证最后产品的形状和尺寸的准确度。因此,在飞机制造过程中,要用多种的相互协调的工艺装备来保证,就几何参数的特征而言,可分为外形准确度和相对位置准确度。

1)外形准确度。

飞机的外形由严格的气动布局所决定,所以多数飞机零部件都具有单曲度或双曲度的外形。

2)相对位置准确度。

零件与零件之间的相对位置——在飞机部件装配过程中,要确定零件、组件之间的相对位置,如在前机身总装配型架中,用标准平板定位前后机身对接接头或对接孔的位置,用定位器来定位机身机翼接头的位置,用若干对卡板来确定机身外形的位置,从而确定了前机身外形和各主要接头之间的相对位置。

工件与刀具之间的相对位置——在很多零件的加工或装配过程中,要由夹具来保证加工所用刀具和被加工件的相对位置,以此确保加工准确度。

工件与机床的相对位置——当夹具在机床上安装固定后,工件在机床上的初始位置就得到了确定,便于进行以后的加工工序。

工件与量具的相对位置——在检验夹具中,工件和量具分别按夹具定位,用专用的或通用的量具检查工件的几何参数。

还应该注意到,在加工过程中工件的几何形状和相对位置有时不一定符合要求。这是因为零件成形时可能有变形回弹或装配时可能产生较大的焊接或铆接变形。这就需要进行检查、测量、分析,找出原因,以高速工艺方法修正工艺装备(模具、夹具)的尺寸,使得工件在成形或装配后,其形状尺寸能符合设计技术要求。

保证产品几何参数准确度不仅限于工艺装备形状和尺寸的正确性,而且对于飞机零件中尺寸大、壁薄、刚性差的零件,工艺装备还有着提高其工艺刚度的效果。对于低刚性零件的定位,可以多于理论上所需的 6 个自由度的约束,即增加定位器、夹紧器的数量和接触面积以提高工艺刚度,从而减少工件的工艺变形。

工艺装备之间的移形,传统的方法是几何参数的模拟量传递,用以保证工艺装备几何参数的准确与协调,即采用串行方式的相互联系的协调制造方法。

产品数字化建模以后,则采用数控加工的数字量传递方法来保证工艺装备制造的准确度,即采用并行方式的相互独立制造方法。目前国内已局部应用,波音、空客等公司已广泛采用这一方法。

(2)物理参数准确度。

近代飞机采用了多种多样的新结构、新工艺,如胶接、钎焊、电子束焊、电加工、超塑成形-扩散连接、复合材料结构连接和激光切割等。这些工艺过程要求控制各种物理参数,如温度、压力、电流、时间和光照度等。对这些参数的控制,有一部分由机床设备完成,还有一部分需由工艺装备或由机床通过工艺装备来完成。因此,工艺装备在保证质量方面的第二项作用是产生、测量和控制物理参数。

如导弹弹翼的胶接夹具的作用,除了确定弹翼剖面的几何形状外,还需控制胶接过程所需的温度和压力。热量由电热毯产生,夹具应设有供电装置、电流控制装置、温度测量和控制装置。胶接压力由空气压力袋产生,夹具应有供气管路阀门和压力测量与控制装置。

由此可见,随着工艺技术的发展,工艺装备正由单纯的机械装置向着包括机、电、液、气、光、计算机的综合装置发展,不断提出新的任务和研究课题。

2. 提高劳动生产率,减轻劳动强度

工艺装备上的定位器、夹紧器,应定位可靠,操作方便、迅速。如果采用气动、液压夹紧,机电控制则使工作效率更高。型架卡板的升举用气动液压装置或机械平衡都可以减轻工人劳动强度,方便工作。对于笨重的工件,可以在型架上设下架装置来吊挂和运送。工人的劳动工作姿态对提高劳动生产率、减轻劳动强度有着明显的影响。夹具有时做成可以转动的,当铆接和焊接时,夹具设计的尺寸、高度也要适合工人的操作姿态要求和工具的可达性。现代的人机工程学通过研究人与机器(工艺装备)之间的关系,求得其间最佳的适应。在人体测量学的基础上研究工艺装备的尺寸和功能,以充分发挥人的因素,提高效率,确保安全。

机械手的应用和自动化的研究等都是提高劳动生产率、减轻劳动强度的有效途径。提高劳动生产率可以缩短飞机的生产周期。并且,劳动工时的减少也是飞机生产成本降低的主要因素之一。

3. 降低产品成本

除了减少人力消耗、提高工作效率的因素外,一种设计合理的工艺装备还能降低原材料的消耗,如毛坯在机床夹具中定位合理可以减少毛坯的加工余量,设计落料模具时,合理的排样和定位可以提高板料的利用率。工艺装备供电、供气系统等正确、合理的设计可以降低能源消耗、减少能量散失等。这些物力消耗的减少也降低了飞机产品的成本。

7.1.3　飞机工艺装备的分类

在飞机生产过程中要用到各种各样和一定数量的必需的标准工艺装备。这是因为飞机结构件与一般机械产品有不同的特点,工件外形多为复杂的曲面,连接接头的结构形式和空间相对关系也较特殊,精度要求高,钣金件尺寸大且刚度低,全机形状特殊的结构零件多,等等,这些都决定了难以用一般通用量具去测量检查它们的形状和尺寸,而必须用专用的标准工艺装备作为生产工艺装备的制造、检查和协调的依据。

1. 标准工艺装备

标准工艺装备是以实体(物)形式体现产品某一部分外形、对接接头、孔系之间相对位置准确度在产品图纸规定的公差范围之内的刚性模拟量。它确定了产品部件、组合件或零件各表面(或外形)、接头、孔系之间的相互正确位置。标准工艺装备,作为标准尺度,用于制造、协调、检验、复制其他方法制造不能达到协调准确度要求的有关工艺装备,确定有关工艺装备之间重要接头、外形、孔系定位件的相对位置。标准工艺装备中的标准量规和标准平板有时还用于协调综合标准样件上各对接接头或孔系的相对位置,以达到机体部件、组合件、零件和附件的协调、互换性要求。

在飞机制造的传统工艺方法中,用于制造、协调生产工艺装备的标准工艺装备种类较多,特别是在完全用模拟量制造与协调工艺装备的体系中,它们除了作为平面形状和尺寸的依据——模线样板外,还有以下功能。

(1)作为制造与协调成组叉耳接头对接和平面多孔对接分离面上的协调依据——对接接头标准样件(通常叫标准量规)和平面多孔对接标准样件(通常叫标准平板)。

(2)作为制造与协调机体外形的依据——外形标准样件(也称表面标准样件)。

(3)作为制造与协调曲面外形与对接接头的依据——综合标准样件(也称安装标准样件)。

(4)作为制造与协调复杂机械加工零件和焊接零件的协调依据——零件标准样件。

(5)作为制造与协调上述标准工艺装备依据的协调台和反标准样件。

在采用产品数字化定义和数控加工技术协调体系后,上述标准工艺装备的种类和数量显著减少。

2. 生产工艺装备

直接用于飞机制造和装配的工艺装备称为生产工艺装备,主要有以下几种。

(1)毛坯工艺装备。

如锻模、铸模等。虽然不一定都对产品的最后尺寸有影响,但往往对材料的物理、机械性能和劳动生产率影响较大。

(2)零件工艺装备。

主要有用于钣金零件成形的各种模具、机械加工零件的夹具以及非金属材料零件成形的工艺装备等。当采用某种加工工艺时,它们保证制造出来的零件形状、尺寸和材料性能都在规定的范围内。

组合夹具是一种由通用化元件组成,可以根据需要组装的夹具,适用于试制或小批生产机械加工。它是由基础件、支撑件、定位件、导向件、压紧件、紧固件、连接件、组合件和其他件组成的。分为孔系和槽系两大系列。

(3)装配工艺装备。

装配工艺装备是指在飞机制造中铆接、焊接和胶接等装配工艺过程中所使用的装备。工厂常把装配工艺装备通称为装配夹具,但在实际生产中又按不同工艺方法命名装配夹具,如铆接夹具、焊接夹具和胶接夹具等。在铆接装配夹具中又将一些尺寸较大、结构较复杂的装配夹具称为装配型架。

(4)检验工艺装备。

典型的有部件检验型架和零件检验夹具、检验模等。用于检查形状复杂、对接接头相对位置参数的复杂工件。检验工艺装备既能保证要求的检验准确度,也使检查工作方便,提高劳动生产率,经过检验合格的工件能保证达到要求的互换性和协调性。它们也是根据标准工艺装备制造的。此类检验工艺装备数量不多,一般是采用简易的检验工具和样板,或者利用现有的装配夹具,在其上附加检验用的卡板、检验器等附件。

(5)精加工型架。

成批生产时,在部件装配车间中常采用部件的精加工型架(精加工台)以保证部件的互换、协调要求。工件在此专用的机床上定位夹紧后,用专用的动力头、刀具对对接接头等零件的孔进行扩孔、铰孔,对端面进行铣切以消除装配过程中产生的变形等误差,达到最后的相对几何位置加工精度和光洁度。有的还铣切部件端面蒙皮余量以满足部件的对合要求。精加工型架对保证产品互换性和协调性的作用很大。

由于精加工工作是在部件装配车间中进行的,而其作用又是要消除装配过程中的综合误差(积累误差),所以在一些飞机工厂,有时也可将其划分在装配型架类中。但其技术工作特性与铆接装配本身是不一样的。

(6)辅助工艺装备。

为了使工人操作方便,常设置一些工作梯、工作台以及专用的起重运输、吊挂装置等。一般说来,只对它们提出使用方便的要求,而不直接参与产品的制造和装配。辅助工艺装备对于提高劳动生产率往往起着相当大的作用。

7.1.4　选择工艺装备的原则

飞机工艺装备对保证飞机产品质量和批量生产起着重要作用,要合理的选用品种和数量,工装数量过多要耗用大量资金,占用很长的生产准备时间,造成浪费,数量过少又不能保证产品的质量和批量生产要求。在西方国家歼击机机体的研制过程中,工艺装备的费用占总研制经费(约近 10 亿美元)的 16.5%～19.5%。20 世纪 60 年代我国某型歼击机的制造采用标准样件工作法,其工装总数为 20 700 项,其中标准工装 640 项,装配工装 660 项,零件工装 17 750 项,拼装夹具 1 650 项,总造价为 4 000 万元。工艺装备的设计、制造周期约为 1.5 年或更长。

新机型试制时,选择工艺装备是一项非常重要的工作。通常先确定试制工艺总方案,制定工艺原则,如产品工艺分离面的划分、互换协调方案、工艺装备系数选择等,并且在协调图表中表示了标准工艺装备和各类生产工艺装备之间的协调关系。

选择工艺装备的品种和数量,应根据满足产品的总产量、最高年产量的需要,并以保证产品质量为前提,具体要考虑以下主要因素。

(1)产品结构的特点。

产品的结构形式、工艺分离面的划分、连接形式和技术要求等是确定选择工艺装备品种和数量的重要因素。如采用整体框、肋,则零件工艺装备少。又如工艺分离面划分得少,则装配工艺装备品种和标准工艺装备也少。当技术要求高、对接接头形式复杂时,对工艺装备的技术要求也就较高且数量多。当对飞机结构进行工艺性审查时,也要同时考虑工艺方案、工艺装备选择的问题。

对于歼击机,其机体较小,外形准确度要求高,采用的标准样件种类和数量也就较多。相对而言,对于大型飞机的大部件则不采用安装标准样件,而其他标准工艺装备也用得少些。

(2)生产性质和产量。

新机的研制、试制、小批量生产、正常批量生产乃至改型等都有不同的周期要求和投资条件。

新机研制要求尽快造出试验机,尽量少用标准工艺装备。试制并要转入不同产量的批生产时,工艺装备品种的数量要恰当,既要能较快地研制出新机,又要为转入批量生产、增加工艺装备做准备。当产量大时,工艺装备就要多一些。

(3)互换协调的要求。

对互换协调性要求高、协调关系复杂的工件,其标准工艺装备、检验工艺装备以及生产工艺装备都可能多些,以保证协调要求。而对于互换性部件,如果没有结构的设计补偿,则常采用精加工设备以达到对接互换的要求。

(4)工厂的技术条件和发展水平。

工厂的技术水平高低,传统特性,尤其是工艺装备协调的传统经验以及研究、发展水平的现实可能,都是应该考虑的因素。

在飞机工艺装备选定后,由工艺人员拟定并发出工装设计任务书,提出对该工艺装备的技术要求,再由工艺装备设计人员进行设计、出图。

7.2 标准工艺装备的设计和制造

7.2.1 标准工艺装备的定义、种类、应用和技术要求

(1)标准工艺装备的定义。

标准工艺装备(也可简称"标准工装"或"标工")是以 1∶1 的真实尺寸体现产品某些部位几何形状和尺寸的刚性实体,作为制造、检验和协调生产用的工艺装备的模拟量标准,是保证生产用工装之间和产品部、组件之间尺寸和形状协调与互换的重要依据。

标准工艺装备必须具有足够的刚度以保持其尺寸和形状的稳定性,同时应具有比生产用的工艺装备更高的精确度。用标准工艺装备模拟量传递的协调方法和用数字量传递的协调方法,都是飞机制造工艺中保证协调互换的重要方法和手段,尽管在不同的技术发展阶段有不同的侧重。

(2)标准工艺装备的种类。

标准工艺装备可分为标准量规、标准平板和标准样件等。标准样件又可分为安装标准样件、表面标准样件和反标准样件。

1)标准量规。

对于部件、段件间的叉耳式的交点连接,常采用成对的正反量规来保证工艺装备交点的协调,并用以安装对应的标准样件上的交点。当两个以上工厂生产同一机种时,则用以保证厂际互换。由于量规具有使用简便、精度高等优点,所以即使采用产品数字建模和数控加工技术,量规仍被采用。原始量规通常利用型架装配机或光学仪器安装。

2)标准平板(结合平板)。

当部件、段件间的结合部位用多个螺栓连接形式时,采用标准平板,用以保证相应工艺装备对应螺栓孔和销钉孔的协调一致。标准平板的孔应在精密坐标镗床或数控机床上加工,以保证精确度。当标准平板带有切面外形时,其外形按模线样板加工。

3)安装标准样件(综合标准样件)。

安装标准样件包括能组成全机标准样件的部件标准样件、段件标准样件、组合件标准样件以及零件标准样件等。部件、段件、组合件样件常设计成分解式的结构,以便于使用。安装标准样件具有真实的、精确的切面外形和接头,可用它来制造、检查、协调型架。

4)表面标准样件。

表面标准样件具有部件、段件外形不带交点接头的实体,用以塑造、协调蒙皮拉型模和各有关模具,也可以从它上面取制样板,或制成局部的表面样件,用以安装型架定位器。

5)反标准样件。

反标准样件用以协调、安装标准样件和表面标准样件,协调和检查部件、段件、组合件标准

样件。其结构形式类似于型架,飞机座舱座椅部分的反标准样件常设计成对合协调台。为了减少标准工艺装备数量,有时可用型架或样板来代替。

标准工艺装备的具体种类及其说明见表 7-1。

表 7-1　标准工艺装备的种类

名　称	图　例	说　明
标准量规 导管接头标准量规		协调部件对接面之间液压、燃油等系统导管对接接头位置
对合接头标准量规		1. 用于控制产品部、组件接头的对合协调和保证部件、组件的互换 2. 协调标件和工件之间的对合接头位置 3. 协调型架之间的对合接头定位器位置
标准平板		协调标准样件、装配型架等多孔对接平面上的孔位

续表

名　称	图　例	说　明
标准量规 整体标准样件		具有产品部件较完整的外形和接头,用于安装部件和组合件装配工艺装备,在结构上可能是整体的,也可能是组合式的
局部标准样件		局部标准样件是配合光学工具或机械坐标设备安装型架的依据,用于协调产品局部复杂部位
表面标准样件		协调复杂曲面外形钣金零件的标准工艺装备,有时也用来协调装配型架的外形定位件
零件标准样件		用于制造和协调要求较高的零件工艺装备,当组装成局部或组件样件时,又可用来协调装配工装

续表

名　称	图　例	说　明
反标准样件	光学视线 光学视线	按标准样件制造,用于制造和协调零件、组件标准样件,是保证零件、组件样件与整体样件的协调依据
对合协调台	前风挡后端面　侧返舱盖前端面　侧返舱盖后端面　后整流罩前端面 侧返舱盖样件 前风挡样件　　　　　　　　　　　后整流罩样件 A 飞机水平基准线 A $A—A$ 样件外形 飞机对称轴线	对合协调台是为参加对合的标准工艺装备提供定位基准,用于协调成组量规和局部标准样件,有时也可用来协调装配型架的定位件

(3)标准工艺装备应用。

1)整体标准样件的应用。

采用能相互对合协调的部件、段件、组件以至零件的全套标准样件，作为制造与协调各类生产用的工艺装备的主要依据。其特点是协调互换性好，可提前发现不协调问题，制造协调与复制工艺装备方便，但成套标准样件制造周期长、成本高，大型样件使用不便。因此它不适用于新机研制和小批量生产。图7－1所示为采用整体式标准样件的全机标准样件分布图。

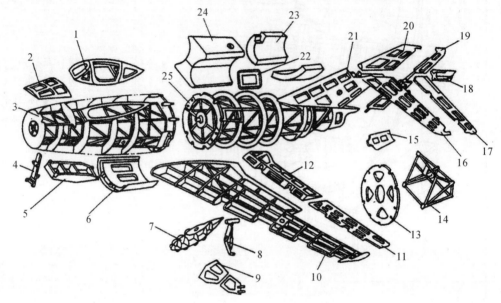

图7－1　全机标准样件分布图

1—座舱盖样件；　2—特设舱盖样件；　3—前机身样件；　4—前起落架样件；　5—炮架样件；　6—下舱口盖样件；
7—副油箱样件；　8—主起落架样件；　9—机轮护板样件；　10—机翼样件；　11—副翼样件；　12—襟翼样件；
13—前后机身标准平板；　14—发动机架样件；　15—减速板样件；　16—水平安定面样件；　17—升降舵样件；
18—尾锥整流罩样件；　19—方向舵样件；　20—上垂直安定面样件；　21—下垂直安定面样件；　22—口盖样件；
23—油箱样件；　24—软油箱标准模胎；　25—后机身样件

2)局部标准样件的应用。

采用局部标准样件、量规、样板配合型架装配机和光学工具的综合协调法，与整体标准样件法相比，具有结构简单、标准工艺装备少等特点。因此，其生产准备周期较短，成本较低，但协调环节多，难以预先发现不协调问题，工装的检修复制较麻烦。采用局部标准样件的协调方法，特别适用大、小各类机型的新机研制，小批量生产和大、中型飞机的批量生产。图7－2所示为采用局部标准样件和量规的全机标准工艺装备分布图。

3)苏－27。

该飞机部件标准样件大都采用组合式结构，即由若干分(局部)样件组合成整体样件，作为安装大型型架、精加工台的依据。这样把样件分解后，又可作为段件、组合件及零件工装的协调依据。它的全机标准样件分为五大部分，即前机身标准样件、进气道标准样件、后机身标准样件、中央翼标准样件和外翼标准样件。

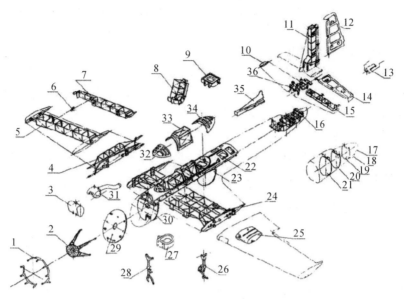

图 7 - 2　局部标准样件和量规的全机标准工艺装备分布图

1—排气管模型；　2—动机架标准样件；　3—滑油箱模型；　4—外翼接头量规；　5—副翼舱量规；　6—副翼量规摇臂；

7—副翼量规；　8—前座椅标准样件；　9—后座椅标准样件；　10—平尾翼尖模型；　11—垂直面量规；

12—方向舵标准样件；　13—尾撬模型；　14—升降舵标准样件；　15—水平面量规；　16—机身与垂尾、平尾接头量规；

17—机身尾罩模型；　18—尾锥模型；　19—18 框模型；　20—17 框模型；　21—16 框模型；　22—座舱罩标准样件；

23—9 框模型；　24—中翼量规；　25—汽油箱模型；　26—主起落架标准样件；　27—轮舱模型；

28—前起落架标准样件；　29—0 框模型；　30—1 框模型；　31—进气道模型；　32—前挡风标准样件；

33—前活动舱标准样件；　34—后活动舱标准样件；　35—背脊模型；　36—平尾与机身垂尾接头量规

（4）标准工艺装备的主要技术要求。

1）协调性高。

标准工艺装备是保证成套工艺装备和产品协调准确度与制造准确度的依据，因此必须保证成套标准工艺装备之间有良好的协调性和必要的制造准确度。在有协调要求的标准工艺装备之间，使用前必须进行协调性检查。未经协调性检查或协调性检查不合格的标准工艺装备严禁用于生产。标准工艺装备上的交点（接头）应尽量采用固定式结构，避免采用活动式结构。若有使用上的要求，也可设计成活动式结构。

2）长期的稳定性。

这也是一项重要的技术要求。凡是用焊接、铸造和冷轧钢材制造的标准工艺装备构件（如焊接的标准工艺装备骨架，用冷轧钢板或铸件制造的标准平板等），在进行最后加工或安装工作交点前，都必须进行消除内应力的热处理。对工作交点、工作孔、基准孔等，都必须进行淬火处理或压淬火衬套，以提高工件的耐磨性。在骨架材料的选用上，除钢材外，有条件时应尽量选用与产品材料的热膨系数相同的铝材或玻璃钢制造，以减小热膨胀误差。

3）刚性好。

标准工艺装备结构的刚性是保证其长期稳定性的基础。因此，它必须具有足够的结构刚性。其自身重力所产生的挠度在任何方向上都不得大于产品准确度的 1/3。要特别注意重要交点接头的骨架连接部位的局部刚度（如杯套与骨架连接部位的局部刚度）。要注意采用合理的结构布局以减轻其结构质量,增加刚度。标准工艺装备的骨架,可采用壁厚小、断面尺寸小的管材焊接成的空间桁架式结构。

4)合适的精度和表面粗糙度。

标准工艺装备工作部位的精度,一般应为产品公差的 1/4～1/3。工作部位的表面粗糙度 Ra 不应大于 1.6,其工作和配合部位一般应采用 H7/f7 配合。交点接头上孔轴线对工作面的垂直度偏差在 100 mm 的长度上,不应大于 0.05 mm。

5)防止变形、便于搬动。

为防止变形和搬运过程中损坏,对尺寸较大的标准工艺装备,应设有专用的支承和吊运装置,其可布置在距端头 1/4 全长左右的地方。

7.2.2 标准工艺装备设计的基本要求

从上述标准工艺装备的作用及主要技术要求出发,在标准工艺装备设计中应考虑下述几个重要问题。

(1)设计基准。

标准工艺装备设计基准应符合以下原则。

1)标准工艺装备的设计基准应力求同产品设计基准一致。

2)只有当工艺上有要求,并有利于提高标准工艺装备的制造精度和协调性时,才可采用不同于产品设计基准的转换基准。

3)相邻部件、组合件的标准工艺装备,其设计基准应尽量一致。

4)设计基准、工艺基准和检验基准应尽量一致。

(2)刚度。

为防止标准工艺装备在使用和运输过程中产生变形,工艺装备结构必须具有足够的刚度,同时必须考虑使用的方便性,不应太笨重。在标准工艺装备结构设计中可采用以下方法解决刚度问题。

1)根据产品结构尺寸和形状的特点,合理选择标准工艺装备的主体骨架结构以保证其刚度。

2)注意局部刚度的加强,特别是重要交点接头、标高板与骨架的连接部位以及标准样件分离面对接部位等。

3)对于机翼大梁类标准样件,由于展向太长,若采用整体刚性结构,将会过于笨重而影响使用。因此,可采用"分段"组合结构,该结构就整体来说属柔性结构,使用时用光学测量方法进行调装。

4)由于产品结构形状和尺寸的限制,标准工艺装备的刚性难以保证时,可采用加强架、标高架和增加标高支点数量等方法来增强标准工艺装备的刚性。

(3)尺寸稳定性。

标准工装必须具有稳定的尺寸关系和必要的使用条件。

1)标准工艺装备焊接构架和锻铸件在进行精加工和安装其他元件之前,都必须进行时效处理以消除结构内应力。

2)为克服温度对标准工装尺寸稳定性的影响,应尽可能采用线膨胀系数相近的材料,并合理布置结构,还应规定大部件标准工装的对合检查和使用时的温度。

7.2.3　各类标准工艺装备的结构特点

（1）标准量规。

标准量规（简称"量规"）按用途可分为两类：一类是用于协调制造标准工装和作为厂际互换协调的原始依据的标准量规，该量规具有较强的刚性，一般不直接用于协调制造生产的工艺装备；另一类是直接用于协调制造生产所用的工艺装备的标准量规。

标准量规在结构上具有以下特点。

1）标准量规一般由骨架、接头和支承元件组成。

2）标准量规常带有与有关标工相协调一致的标高系统或在型架上的定位系统。

3）采用光学工具法时，标准量规必须带有基准定位叉耳、目标孔和工具球等测量定位基准元件。

4）为满足协调需要，标准量规上可带有局部外形。

5）需要时标准量规可组合使用。

（2）标准平板。

标准平板是保证端面对接孔协调的原始依据。其一类是用于协调标准工装的，称为标准平板（标准模板），它一般不直接用于安装型架定位件，仅作为协调标准工装的原始依据；另一类是只供安装型架定位件用的，一般称为结合平板（结合模板）。

标准平板结构具有以下特点。

1）具有对接端面的全部孔，其孔径常为产品孔的最后尺寸。

2）用于协调标准样件的标准平板可以制出外形，也可不带外形。

3）标准平板上必须有使用位置的明确标志，如顺（逆）航向、上、下、左、右和"用于××轴线面"等标记。

4）对于以凸缘衬套端面为平面基准的标准平板，应以其中选定位置基本均布的三个孔作为基准点，由此三孔衬套端面组成的平面作为标准平板的测量和使用基准平面，以保持其基准稳定性。其他孔相对于基准平面的平面度不大于 0.05 mm。

（3）整体标准样件。

整体标准样件结构具有以下特点。

1）具有产品部件、组合件的较完整的外形和交点接头，是协调制造装配工艺装备的依据。

2）有完整的标高定位系统，以保证样件使用状态的一致性和稳定性。

3）有完整的测量基准元件。

4）有产品主要结构轴线（面）、重要的零件外形线以及重要螺栓孔和其他孔的位置。

整体标准样件又分整体铸铝结构样件、玻璃钢结构样件、构架式结构样件和组合式结构样件。组合式结构样件是模拟飞机的结构分离面和工艺分离面的划分而设计的，能很好地保证飞机制造过程中的协调性。

（4）局部标准样件。

在飞机部件结构和外形有比较复杂的协调要求的局部部位选取的样件，称为局部标准样件。局部标准样件结构具有以下特点。

1）局部标准样件可以制成局部切面外形，也可以制成全型面外形。

2）局部标准样件一般带有交点接头和对接孔。

3)局部标准样件应有完整的标高定位和测量基准系统。

(5)零件标准样件。

对于形状尺寸比较复杂、协调性要求高或为保证其尺寸和形状的稳定性的产品零件,可以选用零件标准样件,以达到协调互换之目的。

零件标准样件主要用于协调零件工艺装备,也可是组合式标准样件的一个结构组成部分,用于协调装配工艺装备。零件标准样件结构具有以下特点。

1)零件样件的结构形式一般与产品零件近似,为提高零件样件的刚性,在非协调工作面处可适当增加其厚度。

2)对平面型零件样件(如翼肋样件),一般用 LY12 铝板制造,对于形状比较复杂、结构刚性较差和重要的接头样件,一般采用钢件。

3)零件样件一般应有一个基准平面和至少两个定位孔(工艺孔)作为样件的定位基准。

(6)反标准样件。

反标准样件是保证零件样件或组合件样件与部件样件协调一致的依据,是保证分解式样件组合后的准确度和稳定状态的依据,也是复制和检修标准样件的依据。反标准样件结构具有以下特点。

1)反标准样件一般都具有与标准样件相对应的外形和接头定位件以及定位样件的标高板或定位孔。

2)为避免标准样件在反标准样件中的强迫对合,除必需的基准面和接头外,其他外形和接头定位件都应留有 3～5 mm 的等距间隙。

3)反标准样件应具有足够的结构刚度。

(7)对合协调台。

对合协调台结构具有以下特点。

1)对合协调台是用于对一些有协调关系但又不具备在正确几何关系条件下,对局部标准工装进行对合协调检查的标准工装,完全不同于反标准样件的结构原理。

2)对合协调台必须具有参加对合的所有标准工装或基准标准工装定位用的(用尺寸控制的)定位基准,以控制参与对合协调的标准工装位置的正确性。

(8)表面标准样件。

表面标准样件结构具有以下特点。

1)表面标准样件是协调双曲面外形钣金零件成形和检验工装的依据。

2)表面标准样件有完整的表面外形,表面刻有产品结构轴线、零件结构线和边缘线,并标记出各种刻线的名称或产品图号。

3)根据不同用途和外形复杂情况,表面标准样件可采用正的或反的外形表面。

4)为使成形模具的制造和移形方便,表面标准样件常制成蒙皮内形。

表面标准样件是气动外形的移形依据。图 7-3 所示是以表面标准样件为依据的协调过程示意图。

表面标准样件具有以下几种结构:转动式结构、固定框架式结构、铸铝平台式结构、构架样板式结构和非金属框架结构等。

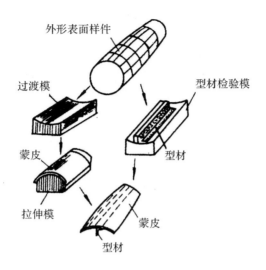

图 7 - 3　表面标准样件协调过程示意图

7.2.4　标准工艺装备制造的协调方法

标准工艺装备制造过程中的协调方法,是标准工装在设计过程中需具体设计的一个重要内容,涉及标准工装的结构方案、设计基准以及整个制造方法。

标准工艺装备之间的协调方法可分为直接协调、间接协调和加入尺寸控制环节协调等三种基本方法。

(1)直接协调法。

直接协调法是指有协调关系的两个标准工装之间通过直接移制进行协调的方法。这一方法又分型面的移制、对合交点的协调、孔型的移制和成套标准工艺装备的协调等。

1)型面的移制。

型面的移制主要应用在从表面样件上取制外形件、套合件的协调过程,以及对合件的协调过程,如整流罩样件同机体样件的贴合面的移制、结构件贴合面的移制或截面外形件的协调等。

2)对合交点的协调。

标准工装之间,其对合交点(指对合接头上部件之间的接合点,是"位置"概念)必须进行对合协调,可能是移制,也可能是进行对合检查。协调过程必须注意:① 必须有定位基准,以作为再次检查的基准或控制其正确的空间位置;② 当标准工装需用作产品机械工件的协调依据时,必须控制其孔的垂直度。

3)孔型的移制。

孔型是指一组孔的相对孔位,例如副翼的一个悬挂支臂同机翼后梁平面上的接合孔之间的相对位置。孔型的移制涉及孔型位置问题,移制过程中应以基准孔为定位基准,并统一基准孔的定位尺寸要素。

4)成套标准工艺装备的协调。

成套标准工艺装备一般应采用对合方式进行协调,常用光学仪器作为测量工具。

(2)间接协调法。

间接协调法是指两个标准工装之间不是以直接对合的方式而是借助于一个过渡工装的移制手段达到协调的方法。

当两相邻标准工装因结构原因不能直接进行对合协调时,则采取过渡协调方法。如进气道样件的前部需同下盖样件的前端在对合台上进行协调,但由于结构封闭而不便操作,所以只能采取过渡方法进行协调。

(3)加入尺寸控制环节协调法。

一般来讲,在整个协调链中某些环节采取尺寸控制的方法是普遍存在的,例如采用机械坐标设备安装方法和光学工具测量方法的应用等。这里所说的"尺寸控制"环节是指协调部位所加入的某种尺寸控制方法。一般有下述几种方法:

1)等距型面移制。

当标准工装的型面同移制依据的型面之间存在一个等距离时,其等距离尺寸则按公差控制。

2)按尺寸控制更换件。

更换件是指在同一标准工装上的同一个部位放置的不同功用的(有协调关系的)两个元件,因结构上的干涉而分别采取放置方法。

3)转换几何要素方式。

转换几何要素方式是指将型面用其他易于测量或加工的几何要素来表达的方式,以提高其制造工艺性和位置准确度。一般是用孔来表达,其孔位的确定,应考虑到型面的设计基准或几何特征。

例如圆柱形面襟翼滑轨同滑轮架的协调方法,可以完全采用结构模拟方法设计两个标准工装,也可以采用准确镗制的特征位置的孔来表达滑轮架同滑轨之间的相对位置关系。

4)局部型面数控加工。

相邻两个标准样件,若其中一个采用数控方法加工,而另一个又采用样板钳工加工时,由于两种加工方法引起的误差将有可能造成两个样件在分离面处的外形不协调,因此,按样板加工的那一个样件在分离面处的截面外形也可采用数控加工方法,以作为在按样板加工时的"流线"基准。数控加工时的定位基准是分离面上的基准孔。

(4)协调方法实例。

设计标准工艺装备的协调过程往往都涉及以标准工艺装备为协调依据的整个(包括生产用工艺装备)协调过程。因此,下述示例中也适当表示了生产用工艺装备,如图 7-4 所示,它是某歼击机在机翼上的主起落架护板标准工装的制造协调过程。

图 7-5 为某机机身舱门样件的协调安装过程。在表面标准样件上制出舱门同机身连接的铰链接头,以此为依据通过反样件(即图中所示的检验样规)协调制造型架安装用的样件(即图中所示安装样规)。

7.2.5 确定标准工艺装备的因素

在传统的飞机设计制造过程中,确定选用哪些标准工艺装备,要考虑多方面因素,如飞机大小、互换性要求、产量大小、生产的阶段以及各厂在互换协调方法的技术基础。对于结构复杂、互换协调要求高的歼击机,一般机型较小,所以常采用标准样件工作法,而对于结构较简单的飞机或大型飞机,则采用基准孔工作法,标准工艺装备选择较少。但最重要的应根据飞机产品的具体结构来确定标准工艺装备的种类和数量。

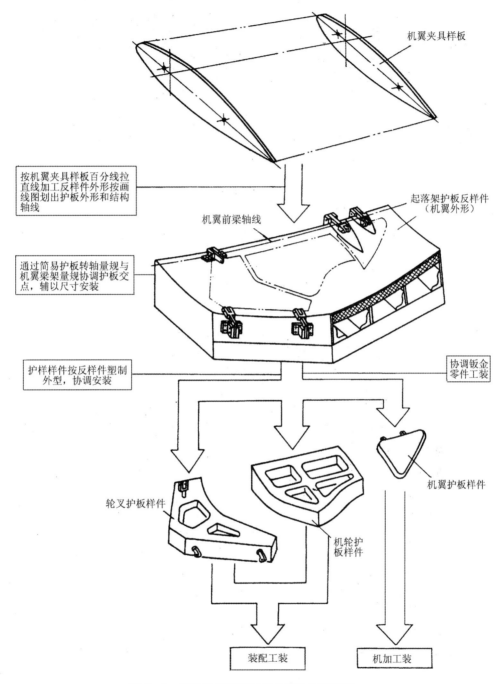

按机翼夹具样板百分线拉
直线加工反样件外形按画
线图划出护板外形和结构
轴线

通过简易护板转轴量规与
机翼梁架量规协调护板交
点，辅以尺寸安装

护样样件按反样件塑制
外型，协调安装

机翼夹具样板

起落架护板反样件
（机翼外形）

机翼前梁轴线

协调钣金
零件工装

轮叉护板样件

机轮护
板样件

机翼护板样件

装配工装

机加工装

图7-4 机翼护板标准工装的制造协调过程

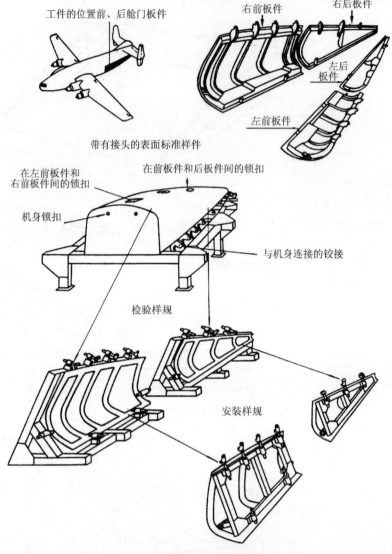

工件的位置前、后舱门板件

右前板件　右后板件

左后板件

左前板件

带有接头的表面标准样件

在左前板件和右前板件间的锁扣

在前板件和后板件间的锁扣

机身锁扣

与机身连接的铰接

检验样规

安装样规

图 7-5　某机机身舱门样件的协调安装样件

按照飞机部件结构的内部划分关系和几何特征考虑标准样件的选择时,一般对结构主要分离面(设计分离面)、接头、支臂、活动舱面、保证外形的双曲面零件和组合件等,应选择标准工艺装备,导管可以选择标准实样。具体考虑因素如下。

(1)飞机部件分离面处的结合接头、导管、钢索引出端头等,为保证协调与互换应选择标准量规或结合平板。这些量规除机身机翼结合接头标准量规外,有些左右对称结构件,只选择一件,如水平尾翼(上下翼面对称)交点量规只制一件,左右共用。

(2)一般应按产品设计分离面分别选择部件的标准样件,如前机身、后机身、机翼、尾翼和座舱盖等。

除按产品设计分离面分解成若干个标准样件外,还必须根据工艺分离面的划分程度,在确保标准样件刚度和精度的前提下,增加若干个样件的设计分离面,以缩短制造周期和便于使用。

（3）对于形状复杂的主要受力构件，已有的结构补偿难以保证分别加工的协调性，装配尺寸采用补充加工但不经济时，可以用零件标准样件，如机翼的主梁、前梁、整体油箱的骨架零件等，这些零件标准样件需选用一套反标准样件进行配套协调，也可以利用夹具或型架代替。

（4）装配协调性要求高的钣金零件，应通过标准样件取反模型或反样件进行协调，如座舱盖、风挡、机尾罩、机头罩和 W 形梁等。

（5）对于曲度不大、刚性较差的钣金零件，通过样板即能控制容差达到协调，一般不选择标准样件。钣金零件的形状尺寸及配合位置需要经过试装才能确定，可不选标准工艺装备，而以标准实样代替样件。

（6）凡直线尺寸的配合，用测量工具通过控制尺寸容差即能保证协调精度的零件，一般不选择标准工艺装备。

（7）虽属配合面，但工艺装备不多，选择标准工艺装备又不经济时，可以通过工艺装备直接对合。

（8）应用计算机辅助设计辅助制造技术时，可直接传递数字量，即通过数控加工将飞机形状和尺寸直接传递到零件上，靠零件自身形状和尺寸的准确度，保证最后装配的组件或部件符合设计要求，因此标准工艺装备的选择数量明显减少。如全数字化定义的波音 737 - 700 飞机，其标准工艺装备仅保留少数量规和标准平板，它的 48 段和 81 段，即机身后段及水平尾翼和垂直尾翼标准工艺装备由原来的 32 件减到 5 件，而生产工艺装备数量减少不多，主要装配工装由 55 段减到 43 段，其他机械工装由 30 件减到 26 件。

7.2.6　标准工艺装备的结构设计

标准样件的具体结构设计包括基准设计、骨架设计、外形设计、对合接头设计及结构本身的设计。

（1）基准设计。

基准设计包含设计基准、制造基准、使用基准和检验基准的设计。为了提高精度和改善制造工艺性，基准应力求一致。

标准样件的设计基准普遍采用飞机的设计基准，即水平基准线、对称轴线、弦线和框肋轴线等。除了基本坐标系以外，还有辅助坐标系（平行的辅助坐标系统、倾斜的辅助坐标系统）。

为了标准样件制造和使用方便、可靠，标准样件上安装有标高板、基准块（或基准面），刻有基准线，或打上基准点。

标高系统是标准样件的使用基准，也是制造基准。对标高系统的要求是有足够的刚性，能保证重复定位的一致性及对合位置的正确性。

基准块和基准平面是检验基准。标准样件的使用和运输可能会使测量工具产生局部变形，影响使用精度。通过基准平面（水平或对称平面）应用测量工具调整好标高板，校正标准样件使用过程中的弹性变形，使标准样件处于正确的使用状态。

（2）骨架设计。

标准样件骨架是标准样件的主体，它是连接外形零件、对合接头、标高系统及其他零件与组合件的基础构件。

它的型式有构架式和整体式两种。构架式一般是由无缝钢管或槽钢焊接而成的空间构架,要有减少变形措施,增加其刚性。整体式常用铸件,它适用于中小型标准样件,整体式有时采用玻璃钢环氧塑料作表层,内部填充环氧发泡塑料。

(3)外形的设计。

标准样件的外形根据其用途、移形精度和工作量、对合协调要求、外形制造工艺性以及经济性等因素确定。

(4)对合接头的设计。

标准样件对合接头的设计可分为两个主要部分:一是接头对合的工作部位,这一部分应模拟产品的对合接头进行设计;另一部分是接头与标准样件骨架连接的部位,它应根据标准样件的结构情况进行设计。

标准样件的接头必须有足够的刚度、合理的精度、合理的粗糙度、合理的表面硬度以及良好的工艺性。

7.2.7 标准工艺装备的制造

(1)样件骨架的制造。

样件铸造骨架的加工,主要是加工出定位基准面。加工前应先检查样件外形、框(肋)轴线面、壁厚、交点安装面的加工余量,并选择好粗定位的基准。

当制造样件焊接骨架时,焊接会使样件骨架发生变形。由于焊接变形不易控制,所以一般采用在骨架的纵向放余量,并在两端焊上连接平板,然后采用机械加工的方法去掉余量,达到设计图纸的要求。

(2)样件外形的制造。

标准样件骨架的对接面、基准面经机械加工后,再进行样件型面的加工和接头的安装。样件外形加工应根据样件的结构、工厂的技术条件、CAD/CAM 应用水平情况而定,一般采用移形法或按数字量进行数控加工。

(3)标准样件接头的安装。

一般按图纸尺寸在坐标平台上或型架装配机上安装,要求协调互换的接头按量规或与其相关联的接头对合协调安装。

7.3 装配工艺装备的设计和制造

7.3.1 装配工艺装备的种类、结构和功能

(1)装配工艺装备种类。

由于飞机结构不同于一般机械,在它的装配过程中不能单靠零件自身的形状和尺寸加工准确地装配出合格的部件,而需采用一些特殊的装配工艺装备,具体见表 7-2。它们是指在完成飞机产品从零组件到部件装配以及总装配过程中,用以控制其形状几何参数所用的具有定位功能的专用生产装备,装配型架是其中的主要一类。型架的种类很多,按其用途或工作性质划分有装配型架、对合型架、精加工型架(或称精加工台)、检验型架等。其中大量的是装配型架。装配型架又可按其装配对象(工件)的连接方法划分为铆接装配型架、胶接装配型架、焊接装配型架等。按目前的技术状况,其中数量最多的是铆接装配型架。装配型架按工序又可

划分为组合件装配型架(夹具)、板件装配型架、部件总装配型架等。下面主要讲解装配型架,特别是铆接装配型架。

表 7 - 2 装配工装分类

类别	工装名称	说 明
铆接装配类	装配型架、夹具	装配型架、夹具,具有独立的定位系统而不依靠另一工装或产品来完成本工艺阶段的定位装配。"型架"和"夹具"之间没有严格的定义上的区分,习惯上称大型装配夹具为型架,称小型装配夹具为夹具
	安装夹具	安装夹具用于安装交点接头时,有时也称安装量规,它一般是按产品上已制出的孔或已装好的接头等将其定位在产品上,然后按该夹具将待装零件定位在该产品上来完成其装配工作
	安装量规	
	钻模	多用于较精确孔的钻制以保证孔的协调性或孔的垂直度。钻模并不一定都独立存在,它往往附属于装配夹具或安装夹具上作为其结构组成部分
	钻孔样板	一般用于铆钉孔的钻制,以提高钻孔工效
	补铆夹具	补铆夹具只具有较少的定位部位,以控制协调部位的几何形状,目的是减少产品在装配型架上的装配周期
检测类	对合台	一般用于部件的对接,有时也用于组件的对合配套,它具有装配和检测功能
	平衡台	用于转动部件或零件、组件的静平衡调试,根据其功能特点,又可分为舵面平衡台和高速旋转体静平衡台
	水平测量台	水平测量台是为了飞机的最终水平测量而在部件阶段进行水平测量的工装,它是模拟飞机的结构关系(定位)以水平测量的方式来检测部件外形几何参数
	检验夹具、量规	是根据协调互换的要求控制产品尺寸或外形的工装。根据不同的要求,可能是直接检查所指的尺寸或外形,也可能是模拟检查产品的运动可靠性。 将产品放于其上者,一般称为检验夹具;放在产品上进行检查者,一般称为检验量规(或模型)
	其他	不包括在上述类别中的其他检验工装,例如操纵系统等中的非几何参数的某些检验卡具等
精加工类	精加工型架	为完成部件对合部位精加工工序的型架。它包括定位系统和动力装置
	其他精加工装置	为附属装配型架结构上的精加工装置。根据被加工部位的结构关系,该装置的定位基准可能在型架结构上,也可能是产品上的相关部位

装配型架又称装配夹具,一般把尺寸较大的称为装配型架,而把尺寸较小的称为装配夹具。二者并无严格、明确的界限。

(2)装配型架的结构。

装配型架一般由以下几部分组成(见图 7-6)。

1)骨架。骨架是型架的基体,用以固定和支撑定位件、夹紧件等其他元件,保持各元件空间位置的准确性及其稳定性。骨架应具有足够的刚度。

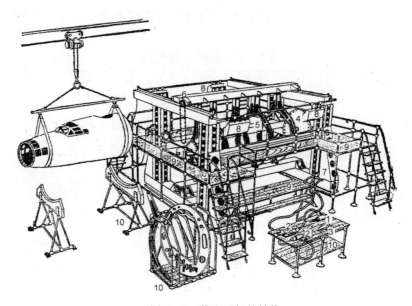

图 7-6 装配型架的结构

1,2,3—铆接装配工具； 4—围框接头的定位件(型架平板)； 5—外形定位件(卡板)；
6—梁； 7—立柱； 8—照明装置； 9—工作梯； 10—工作台及托台

2)定位件。定位件是型架的主要工作元件,用以保证工件在装配过程中具有准确的位置。定位件应准确可靠、使用方便,不致损伤工件表面。夹紧件一般与定位件配合使用,称为定位夹紧件。

3)辅助设备。辅助设备包括工作踏板、工作梯、托架、工作台、起重吊挂、地面运输车及照明、压缩空气管路等。辅助设备也是使工作方便、安全、减轻劳动强度、提高生产率所必不可少的型架的组成部分。

(2)装配型架的功能。

装配型架主要用来保证产品的准确度及互换性。即保证进入装配的零件、组合件、板件或段件在装配时定位准确,保持其正确形状和一定的工艺刚度,以便进行连接,在装配过程中限制其连接变形,使连接装配后的产品符合图纸及技术条件的要求,即满足产品准确度及互换协调的要求。

与一般机床夹具相比,型架除了起着定位与夹紧零件的作用外,由于飞机钣金零件尺寸大而刚度小,所以,为保证产品的准确度,首先要保持零件的准确形状。为此,型架定位件的数量要根据零件或装配件的刚度适当增加,要有一定的"过定位",这样才能保证工件在装配过程中既具有准确形状,又具有必需的工艺刚度。其次,无论是铆接,还是胶接和焊接,在连接时都会产生不同程度的变形,装配型架或夹具要能限制工件的这种变形。最后,一般机械制造中保证产品互换性主要依靠公差及配合制度和通用量具。而在飞机制造中,则是采用了一套特殊的保证互换协调的方法,其中包括相互协调的成套的装配型架。在飞机生产中常常采用分散装配的原则,一个部件的装配工作,往往不只用一个装配型架,而是一套装配型架,当产量相当大时,甚至要采用几套同样的型架。装配型架的品种多而且数量大,这就要求它们彼此之间,以及与零件的工艺装备之间都要相互协调。因此,型架的另一特点就是它的成套性和协调性。

同时,还要考虑到改善劳动条件,提高装配工作生产率,降低成本。飞机形状复杂,刚度又小,所以在飞机装配工作中采用型架就更能发挥装配夹具定位夹紧迅速、可靠的效果。通过装配型架将工件安放在适当的工作位置可方便操作,提高工作效率。

7.3.2　装配工艺装备设计原则

装配工艺装备的设计质量,同其他生产所用的工艺装备一样,是以产品质量、工作效率、操作安全和成本作为衡量标准,并以此作为设计工作所遵循的基本准则。因此,装配工艺装备设计的基本原则及技术要求应包括以下几个方面。

(1)使用性。

1)满足装配工艺要求。

2)定位件及压紧件的操作简单、定位合理、压紧可靠,活动构件应便于开启和工作位置的恢复。

3)工作开敞,操作条件好,产品的上架和出架方式合理。

(2)协调性。

1)定位系统的设计,应保证工艺装备之间的协调性,并合理确定其制造协调方法。

2)要从结构设计上考虑在工艺装备的制造上(指工艺性)能更好地达到工艺装备之间的协调性。

3)对于加入尺寸控制环节(即数字传递环节)的定位件,必须确定合理的定位或转换基准,以减少其安装误差。

(3)稳定性。

1)刚度合理,重要构件应消除应力。

2)根据产品的尺寸大小和精度要求情况,在工装结构设计上应有消除或减少温度因素对协调影响的相应措施。

3)工艺装备在地坪上的安放,应优先采用"三点"支承或"多点可调"支承,以消除地基下沉对型架准确度的影响或便于恢复型架的总体精度。

(4)经济性。

1)在满足使用要求的前提下,工艺装备的结构造价应较低,并具有良好的制造工艺性。

2)在工艺装备结构上应适当考虑产品改型对其提出的改造的可行性。

3)工艺装备的选择及其结构设计,必须处理好新机研制、试制和转批生产三者的关系。

4)便于工装的故障检修。

5)类似产品(如框、肋等)的工艺装备结构,必须尽量同一化(指结构相似和零件相似或相同),以利于工艺装备的制造。

6)合理利用原材料,尽量采用标准件,优先采用储备的标准件。

(5)安全性。

1)在产品的定位和压紧过程中,应有必要的保护措施,以防止划伤产品,型架同产品之间必须有足够空间和必要的保护措施,以保证产品出架时不致因摆动而被碰伤。

2)大型活动构件应有配重或省力装置,操作者的活动区域内,工艺装备零件不得有锐角和锐边,以利于安全。

3)较重的可卸构件,应设置起吊装置和存放支承,支承力较大的构件必须经过强度校核。

（6）先进性。

注意采用先进结构和先进工艺方法，以提高工艺装备的使用性和降低工艺装备的制造费用。

7.3.3 装配型架设计的一般问题

1.型架设计的原始资料

在飞机部件设计阶段的工艺性审查过程中，要结合对部件装配方案的考虑，对各装配型架的基本方案有初步的设想。在新机的试制过程中，当拟定部件指令性工艺规程时，基本上就确定了所有装配型架的品种、数量及其基本方案。一般来说，当型架设计人员着手设计时，其设计要求及技术条件已经基本上确定，并以文件形式予以说明了。

型架设计必需的原始资料有以下几种。

（1）型架设计任务单。

型架设计任务单（或工艺装备申请单）是设计人员接受任务、安排工作的依据。在任务单中指出所要设计的型架的工件图号、名称、型架功能、数量以及同其他型架的关系。

（2）装配件的结构图纸与技术条件。

通过熟悉产品图纸及技术条件掌握装配对象的结构特点，了解与装配准确度、与协调互换等有关的技术要求，同时，还应熟悉相配合的组合件或部件的结构，因为它可能给所设计的型架提出补充要求。

在新产品设计阶段，为了提前进行生产准备工作，正式产品结构图纸可能尚未完成，这时，可根据理论图及必要的产品结构打样图，进行夹具或型架的草图设计。

（3）产品装配方案或指令性工艺规程和工艺装备协调图表型架设计人员在研究了上述文件之后，应当掌握以下几点：

1）在该型架上进行装配的零件、装配件的供应状态和先后顺序。

2）该产品的装配工艺过程，包括在型架内定位的零件、组合件及其定位方式，所使用的工具和设备（如铆接中所用的风钻、铆枪和手提压铆机等）。

3）该型架的协调关系及安装型架用的标准工艺装备，即制造和协调依据。

4）了解与该型架内的装配工艺过程有关的其他工艺规程。

（4）型架设计技术条件。

这是装配工艺员根据产品图纸、技术条件、指令性装配工艺规程及工艺装备协调图表等指令性工艺文件，从工艺和使用的角度对型架提出的具体要求。它以文件形式附于型架设计任务单中。实际上，它常常是工艺人员与型架设计人员协商后制订的。其内容包括以下几方面：

1）在型架内需要完成的工作，进入装配的零件及装配件的定位基准，特别是部件外形定位件和主要接头定位件的形式和定位尺寸（如果是工序尺寸，应注明加工余量）。

2）型架的制造依据和安装方法。

3）对型架构造的原则性意见，如装配对象在型架内的放置状态、型架骨架的结构形式，最好画出草图。

4）在型架内完成装配后，工件的出架方式和方向，出架用的设备。

5）对辅助设备的要求，如对冷气管路、照明的布置及其他特殊要求。

设计的夹具或型架,应该技术先进,经济合理,使用方便,这在很大程度上取决于技术条件制订的合理性。

(5)型架元件及结构的标准化资料。

标准化资料主要是指航空工业部门颁布的标准,特别是工厂现有库存的标准件成品、在制品清册以及停止使用的型架清册。此外,生产准备车间的加工设备情况、工厂的生产条件及传统技术经验、其他单位的先进经验等也都应予以了解与掌握。

2.型架设计的内容和步骤

熟悉原始资料之后,主要是根据型架设计的技术条件开始着手型架的设计。为使设计工作顺利进行,一般可把设计工作分为三个阶段。

(1)草图设计或型架设计方案的拟定。

(2)绘制工作总图。

(3)绘制零件图。

实际工作中,通常是先绘制一部分工作总图(基准线、轮廓线以及位置尺寸),再绘出零件图,最后完成工作总图。

草图设计或拟定型架设计方案应确定的主要内容如下。

(1)型架设计基准的选择。

(2)装配对象在型架中的放置状态。

(3)选择工件的定位基准,确定主要定位件的形式及其布置,尺寸公差的选择。

(4)工件的出架方式。

(5)型架的安装方法。

(6)型架结构形式的确定。

(7)骨架刚度验算,型架支承与地基估算。

(8)考虑温度对型架准确度的影响。

3.型架设计基准的选择

型架设计与其他机械设计一样,必须首先正确地选择设计基准,然后根据它确定型架上各个零件和装配件的相对位置。如果基准选择不当,在设计时确定工作尺寸和检验这些尺寸时都将遇到困难,会降低型架的准确度和延长安装周期。

一般情况下,应以飞机部件的设计基准作为成套的装配型架和成套的标准工艺装备的设计基准,这样可以避免基准转换时繁杂的计算,也可消除制造时由于基准转换引起的误差积累。在具体选择时应注意以下几点。

(1)对相邻部件的装配型架,例如中翼-外翼-副翼-襟翼装配型架,或者同一部件中不同组合件的装配型架,例如机翼中的前缘-梁-板件装配型架,都应当选择同一个设计基准轴线。

(2)型架设计基准的选择,还应力求简化尺寸的计算,以便制造及检验。

(3)型架设计基准的选择,要与安装方法相适应。例如,用型架装配机安装型架时,要求有三根相互垂直的坐标轴线作为基准。用划线钻孔台安装卡板端头或塑造卡板工作面时,要求基准线垂直于各框或肋的平面,各安装尺寸都应是 50 mm 的倍数。

4.装配对象在型架中的放置状态

工件在型架中的放置状态应该是使工人在最有利的工作姿态下进行,即应使大部分操作是在站立姿态下,在高度为 1.1~1.4 m 范围内工作。此外,还应考虑节省车间面积。

工件在型架上的放置状态样式很多,可根据上述原则、结合工件结构特点和装配工作内容予以确定。对一般尺寸的梁、隔框、翼肋等平面型组合件,可在非转动式夹具内平放或竖放,但最好采用转动式夹具。对大尺寸框类或圆形结构件,如大型机身隔板、机头罩等,可设计成转动式夹具。对于板件,一般都采用立放。机身类的段件、部件的放置状态大多与飞机的飞行状态一致,这样放置可使隔框处于垂直位置,定位件布置方便,特别是型架卡板布置合理,同时大型飞机机身装配时往往以座舱地板作为定位基准,地板处于水平位置时,对装配工作有利。对于翼面类部件,习惯于垂直放置,即前缘向下,这样放置适合于采用卡板定位的型架,装配工作可以从两面接近,也便于前缘内部的操作。翼面类部件的精加工型架多采用平放,因为主要操作是在接头区,水平放置便于机翼在架内定位、加工操作和吊运工件,也便于精加工头的布置。

5. 出架方式

工件在型架内装配完成以后的出架方式是型架结构方案中的主要问题之一,对型架结构影响较大。出架方式选择得好可以简化型架结构,出架安全,不致损伤工件,还可节省厂房面积,简化搬动设备。对于较小的工件,出架较为简单,只要有关的定位夹紧件能收缩足够尺寸,就能取出工件。对于大尺寸部件,尤其是大型飞机的大部件,出架方式应该认真考虑。大尺寸部件一般有三种出架方式:从型架上方吊出;纵向出架;侧向出架。

7.3.4　型架骨架的构造

装配型架由骨架、定位件、夹紧件和辅助设备等几部分组成。骨架的结构形式大体可分为框架式(见图 7-7)、组合式(见图 7-8)、分散式(见图 7-9)和整体底座式(见图 7-10)四类。

(1) 框架式。

这种骨架是由槽钢或钢管焊成的框架。多用于隔框、翼肋、大梁等平面形状的组合件、板件以及小型立体组合件、段件(如翼尖、舱门、小尺寸的尾翼)。框架的放置方式多为竖放和转动式,也有平放的。转动式框架的型架既便于操作,又可节省车间面积,但只限于尺寸不大的框架。

竖放式框架可用地脚螺栓固定在专用的基础上,也可直接安放在地坪上,用混凝土固定,还有可通过三点支承或四点可调(螺旋)支承浮置于地坪上而不与地坪固定。后者搬迁方便,地基有变形时,可随时调整。

(2) 组合式。

组合式骨架一般是由底座、立柱、支臂、梁等标准化元件所组成的,如图 7-8 所示。

梁一般是由槽钢焊成封闭的匣形剖面,为减小焊接变形及工作量,槽钢对焊时常采用断续焊缝。梁通过螺栓固定在底座或立柱上,定位件(包括卡板)及夹紧件大都固定在梁上。立柱、底座、支臂的材料一般用铸铁,表面加工出间距为 100 mm 的孔,以便通过螺栓互相连接。

组合式骨架的主要特点是规格化、标准化程度高,它类似于积木式结构,所以对设计和制造都有可能缩短周期,当机型改变时,元件大多可重复使用。但如果机型稳定生产多年,这一优越性就不显著。

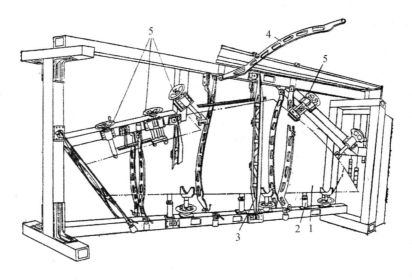

图 7 - 7 框架式骨架

1—标准样件； 2—前缘标高板； 3—转接标高梁； 4—卡板； 5—接头定位器

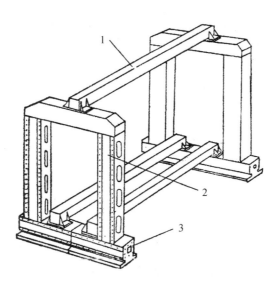

图 7 - 8 组合式骨架

1—梁； 2—立柱； 3—底座

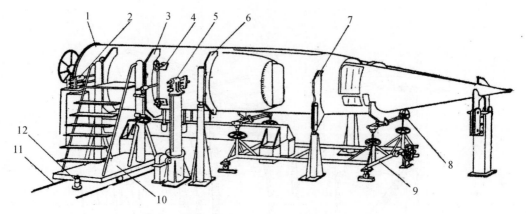

图 7-9　分散式骨架

1—型架平板；　2,5—接头定位器；　3,4—架车上的卡板和接头定位器；　6,7—卡板；

8—横向调整手轮；　9,10—架车；　11—导轨；　12—架车定位插销

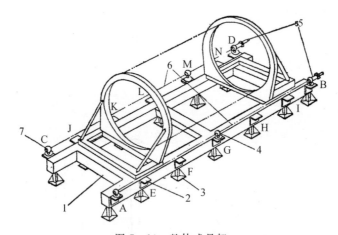

图 7-10　整体式骨架

1—底座；　2—角铁；　3—可调支承；　4—光学站；　5—准直望远镜；　6—基准视线；　7—基准光学站

（3）分散式。

分散式骨架的特点是型架不设整体骨架,各个定位夹紧件固定在以车间地基为基础的分散的金属骨架上。这些骨架一般采用槽钢或钢管焊成。分散的骨架靠车间地基把它们连成一个整体,型架定位件的尺寸稳定性主要决定于车间地基和型架基础的稳固程度。

这种骨架的主要优点在于取消了整体骨架,大大节省了材料,与组合式型架相比,可节省约50％的金属,而且型架结构大大简化,比较开敞,有利于架内装配工作的进行。分散式骨架主要适用于大尺寸的装配型架,尤其是比较复杂的机身总装型架,有的大型机翼总装型架也采用,这时翼弦面水平放置可减少整个型架的高度。分散式骨架往往和架车、内型板配合使用,这样更能显出它的结构优越性。此外,工作台与骨架还常结合在一起,这对大型飞机来说,可大大简化型架。

采用分散式骨架,要求车间地基比较稳固。若地基有不均匀下沉,对型架准确度影响极大,这是它的致命弱点。

（4）整体底座式（多支点可调支承）。

整体底座式骨架是指型架的骨架中有一个整体的底座，底座用多支点可调支承支撑在车间地面上，型架的其他骨架及所有的定位夹紧元件都固定在底座上，如图 7-10 所示。

这种形式的骨架主要可降低对地基的要求，地基如有变动，可调整各支承点以保持底座的正确位置，从而保证型架准确度的稳定性。

底座式骨架的优点在于通过定期检查的办法可消除地基变动的影响。此外，型架是浮动的，搬移比较方便。底座材料选取铝时，与飞机部件的胀缩一致，可自由伸缩。这种形式的缺点是耗费金属多，一台大型部件装配型架需几十吨金属。整体式底座原来是焊接结构，近来波音公司采用铸造的标准块体，若型架比较大时，其底座可由几块这样的标准块体直接拼接而成，如图 7-11 所示，这解决了底座的重复使用问题。

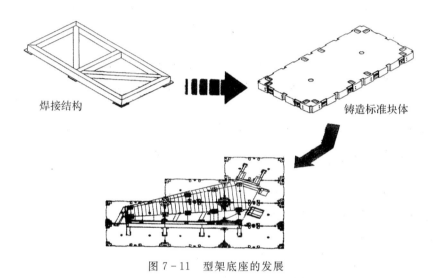

焊接结构　　　　　铸造标准块体

图 7-11　型架底座的发展

7.3.5　型架的外形定位件及夹紧件

型架外形定位件是用来确定飞机部件的气动力外形的定位件，一般可分为三类：卡板、内型板和包络式定位面板（或称包络托板）。卡板和内型板仅能定位某些切面外形。包络托板则可定位整个空间曲面外形。卡板及包络板一般位于部件外形的外侧，如图 7-12(a)所示。内型板一般用于定位蒙皮内形，如图 7-12(b)所示。有些板件型架，除了使用卡板之外，还使用内卡板，如图 7-12(c)所示。内卡板与内型板的区别只在于后者是外形定位件，而前者对外形表面来说只是个夹紧件（但两者都能定位长桁），所以内卡板要与外卡板配合使用。

卡板的工作表面可以是飞机的蒙皮外形，也可以是骨架外形（蒙皮内形）。在一些以骨架为基准的装配型架上，有时要求卡板既能定位骨架外形，又能在装配蒙皮时起夹紧蒙皮的作用，从而又要求卡板带蒙皮外形。为兼顾这两方面，卡板的工作表面加工成蒙皮外形，而在卡板表面分布一些局部的活动垫板。垫板的工作面就是骨架零件的外形。侧面还有靠板，以确定骨架零件（如隔框或翼肋）的位置。当用卡板夹紧蒙皮时，必须把靠板退出，同时把垫板置于旁边的槽内，不致与蒙皮相碰，卡板的侧平面应在骨架零件的平面上。如果蒙皮与骨架不是用埋头铆钉而是用半圆头铆钉铆接，则钉头要突出蒙皮外表面，为避免与卡板工作表面相碰，需在卡板与铆钉头接触处局部钻出孔来。

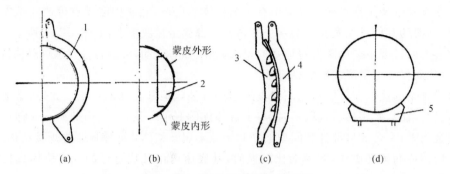

图 7-12　卡板、包络托板、内型板

(a)型架卡板；　(b)型架内形板；　(c)型架外卡板和内卡板；　(d)包络托板

1—卡板；　2—内型板；　3—内卡板；　4—外卡板；　5—包络托板

当卡板用于以蒙皮为基准的装配型架时，骨架零件(如补偿片等)是按蒙皮内表面定位的。因此，只要求卡板能确定蒙皮的外表面，则其工作面就是蒙皮外形。为了保证蒙皮能紧靠住卡板工作面，蒙皮采用多种夹紧方式。

卡板的工作表面外形常按切面模型进行塑造，或按独立制造原则直接进行数控加工而成。

7.3.6　型架的接头定位件

为保证各部件的互换和对接接头的协调，在装配型架上要有接头定位件。用于叉耳接头的称为叉耳式接头定位件，简称"接头定位件"；用于围框式接头(凸缘连接接头)的则称为型架平板；还有一种重要的接头定位件称工艺接头。

工艺接头是用于部件装配或对合过程中的补充定位或转化定位。补充定位，可能是由于产品的可定位部位不足或因组件的刚度较差而作的合理定位方式的补充；转化定位，主要为了简化型架结构，例如将外形定位转化为"接头"定位(见图7-13)，或采用某种工艺件来建立产品组件之间的定位关系等。为了能起到定位的作用，也为了能承受和支持板件甚至整个大型部件的重力，它应具有一定的精度和足够的刚度和强度。

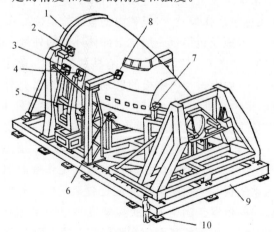

图 7-13　工艺接头用于段件装配

1—型架平板；　2~8—工艺接头；　9—型架底座；　10—可调支承

7.3.7　飞机装配型架的安装

飞机制造中一个很重要的特点就是飞机装配时采用了许多大尺寸的、结构复杂的装配型架。装配型架的制造包括型架元件(即型架骨架元件和定位夹紧件)的加工和型架的安装。型架元件用一般的机械加工方法就可以达到技术条件的要求,而保证各定位件在大尺寸的型架骨架上的安装准确度则是比较困难的。

首先,保证飞机装配的准确度,在很大程度上取决于装配型架的准确度,而且主要是型架安装的准确度。这一点与一般机械制造有很大的差别。在一般机械制造中,其主要零件是刚度比较大的机械加工件,机器装配的准确度主要决定于零件加工的准确度和装配时少量的补充加工或调整,不需要采用结构复杂的大型装配夹具。由于飞机结构复杂,大量采用尺寸大而刚度小的薄板、型材零件,为满足飞机的外形要求,在装配的各阶段,包括组合件装配、板件装配、段件装配和部件装配,都必须采用大尺寸的、结构复杂的装配型架,以保证装配的准确度。

为了保证飞机装配的准确度,必然要对型架制造的准确度提出更高的要求。例如,一台十几米长的大型装配型架,型架上有许多卡板,各卡板安装以后,其工作面所形成的曲面外形的准确度,一般应比产品外形的准确度要求高 $3\sim5$ 倍,即公差为 $0.2\ mm$ 左右。此外,还要保证各接头定位件与这些外形卡板的相对位置准确度。因此,这就需要发展大尺寸空间位置精密测量技术。型架安装用的各种方法,就是为了解决这个技术问题而产生和发展起来的。

其次,每个部件在各个装配阶段,都采用了各不相同的装配型架,在型架的安装中,还要保证这些型架之间的协调准确度。在飞机产量比较大的情况下,某些型架可能需要复制几台,则必须保证这几台型架的一致性,还要保证装配型架和零件加工工艺装备的协调准确度。为此就需要采用一套标准工艺装备,编制合理的工艺装备制造与协调路线。因此,型架的安装技术与保证工艺装备之间的协调方法密切相关。

再次,在飞机的成批生产中,所使用的装配型架和标准工艺装备数量多、结构复杂,制造工作量很大,需要上百万工时。在飞机工厂需要设置专门的型架制造车间,完成型架的制造和日常的定期检修任务。如何提高型架安装的效率,缩短生产准备周期,降低型架的制造费用,也是型架安装技术中要解决的重要问题。

基于对上面一些问题的考虑,从飞机制造发展的早期阶段至今,型架的装配技术也有了很大的发展。

(1)用通用测量工具安装型架。

在飞机制造发展的早期阶段,大尺寸的型架安装是采用空间拉线和吊线的方法,用通用的测量工具进行测量。用通用测量工具安装型架的方法,是一种简单的、原始的方法。对于小型装配型架(或夹具)可以使用钳工平台,在平台上划出型架的结构位置线(平面投影位置线),利用直角尺和高度尺建立起空间坐标系。对于大尺寸型架,可以用细钢丝在型架骨架上建立纵向基准线、水平基准线和横向基准线,以这些实际的线作为型架安装时测量用的基准线。对带曲线外形的定位件,则要借助于样板在空间进行定位。这种方法虽很简单,但安装时既很费时间,又很不准确。

(2)用标准样件安装型架。

在第二次世界大战期间,飞机的产量迅速增长,对飞机的制造准确度和互换性的要求也大大提高。为适应这一发展需要,出现了新的型架安装方法。一种方法是,对于小型的战斗机,用一套与实物 1∶1 尺寸的标准样件来安装各种型架,以加快型架的安装,保证型架之间的协调,并解决几个工厂同时生产一种飞机时各部件之间的互换问题。但这种方法也有它的缺点,一套大尺寸的标准样件制造费用很大,制造周期又长,标准样件的尺寸大且笨重,使用和运输都不方便,也容易变形和损坏。如我国 20 世纪 60 年代制造的歼-6 全机标准样件,当时耗资 3 000 余万元,今天就需几亿人民币,足见其制造费用之大。

(3)用型架装配机安装型架。

在飞机制造中,为了提高型架安装的准确度,在第二次世界大战期间,美国曾研究出另外一种型架安装的方法,就是用大型工具坞安装型架。它实质上是一个大型空间坐标架,由三组相互垂直的坐标尺组成,即一组纵坐标尺,一组由纵坐标尺定位的可移动的垂直坐标尺,以及一组由垂直坐标尺定位的横坐标尺。每个坐标尺都经过精确的加工和定位安装,保证严格的互相平行和垂直。据称 18 m 长的四条纵坐标尺,其平行度沿全长要控制在 0.025 mm 以内。在每个坐标尺上都有一排用坐标镗床精密加工的等间距的孔。在坐标尺的两个孔中间的尺寸,可以通过小的精密孔板来确定。这样,就可以在工具坞中准确地确定空间任意点的坐标位置。

当安装型架时,将整个型架骨架放在工具坞中,按型架定位件在型架中的位置,定位好垂直坐标尺和横坐标尺,型架的定位件通过工具孔在定位板上定位,定位板则通过基准孔定位在横坐标尺上。定位件定位以后,用浇注的方法固定在型架的骨架上。在用工具坞安装型架方法的基础上,为了提高型架安装工作的效率,苏联曾把工具坞机床化,发展成为型架装配机。其纵坐标尺是固定在可纵向移动的工作台的侧面,台面靠电机和机械传动机构拖动,垂直坐标尺则固定在机床的龙门架上不动。这样就克服了用工具坞时需要经常移动笨重的垂直坐标尺和横坐标尺的缺点。但是,因型架装配机的尺寸不宜过大,对大型的装配型架,就不可能整个在型架装配机中安装。因此,型架必须设计成组合式的,而且只能将型架的梁放在型架装配机上进行安装。

(4)用光学仪器安装型架。

为了解决上述几种型架安装方法中存在的问题,在 20 世纪 50 年代初,发展了一种以光学仪器的视线为基准线的型架安装方法。以光学视线作为基准线来安装型架十分准确,而且,型架的尺寸和结构形式不受限制,后来成为安装型架的主要方法。用光学仪器建立的光学视线作为安装型架的基准线,其优点是明显的。它克服了用一般机械方法建立空间测量基准所带来的许多缺点,诸如大型机械设备的制造精度不高,刚度不足而产生自重挠度,因温度变化而产生变形,等等。此外,因光学仪器比较精巧,可直接安装在型架的骨架上,型架的安装和检修比较方便,使用比较灵活。多配备一些光学仪器可以平行安装多台型架,缩短生产准备周期。

(5)用激光准直仪安装型架。

为了克服使用光学仪器时操作效率低和大距离测量精度低的缺点,20 世纪 60 年代,在型架安装中开始用激光光束代替光学视线。用激光光束作为安装型架的基准线有许多优点。因激光是有色的可见光,便于操作者寻找目标和观测,所以用激光光束作为基准线,既具有拉钢丝的直观性,又具有光学视线的准确性。激光光束还具有良好的方向性,发散度比较小,在型架安装用的距离范围内,光束的直径基本不变,大距离的测量比较准确。激光光束还可以为光敏目标所接收,光束和目标之间不同心度的偏差可以用电压表指示出来,从而避免人为的观测误差。若将光束和目标中心的偏差电参数输送给自动控制系统,可实现自动定位。按激光光束进行定位和安装,观测和调整可由一个人进行,能够提高工作效率,节省人力。因此,激光准直仪很快在型架安装中得到了应用。

(6)用 CAT 技术安装型架。

在激光准直仪应用的基础上,随着计算机技术的飞速发展,把二者结合起来应用,就成为计算机辅助经纬仪 CAT(Computer Aided Theodolite)测量技术,使光学仪器的定位不再依赖于工具轴和光学站,它使型架的安装更加方便、直观,可省去大量的计算工作。并且这种光学安装系统实现了与产品数字模型相结合,产品工装可直接由传输到 CAT 系统中的数据集直接制造出来,这一数据集实质上就是标准工艺装备,模拟量形式的标准工装不再需要。它使工作效率和安装质量得到大幅度的提高。在我国为波音公司制造的波音 737-700 尾段中使用的型架,就是用这种方法安装的。

7.4　飞机生产准备技术的发展

长期以来,飞机结构件以钣金件为主,由于钣金件刚性小,在装配过程中需采用大量的工艺装配来保证飞机结构的刚性。在现代的飞机结构中,大量应用整体框、肋、梁以及整体壁板,它们便于进行数控加工,如在某型号歼击机的研制中,机翼机加结构件占总量的 90% 以上。由于机加结构件刚性好、精度高,与传统飞机相比,生产准备工作发生了很大变化。一般把这两种类型飞机区分为"软壳"式和"硬壳"式飞机,MD-90 属于"半硬壳"式飞机,新型战斗机常是"硬壳"式飞机。新的"硬壳"式飞机结构给生产准备工作带来了很多变化。

7.4.1　飞机装配定位的简化

"软壳"式飞机结构以钣金件为主,铆接工作量大,工艺分离面的合理划分具有重要的技术、经济意义,大量的铆接结构又给工艺分离面的划分带来了多种可能。因此,合理的工艺分离面划分一般要经过试制、批生产等几个阶段才能定型。"硬壳"式飞机结构主要以整体机加件为主,铆接结构大幅度减少,工艺分离面的划分得以简化。铆接结构的减少,使得划分工艺分离面的选择余地也很小。在某型号工程的装配厂房,已看不到框、梁、壁板的装配夹具,所有的飞机装配工装只有 10 余台。

"硬壳"式飞机的装配定位主要采用孔系定位。一方面,由于机加结构件刚性好、型面加工精度高,结构性能好,便于采用孔系定位;另一方面,铆接结构整体刚性增大,不再需要在"软壳"式飞机中那种使用外形卡板为主的定位方式。

7.4.2　工装结构和设计的改变

1. 工装结构的改变

(1)大量采用孔定位件。在刚性好的结构件上,直接利用结构孔定位。为使用孔定位件,要事先在结构件上留取工艺孔。若结构件区域内无法或不允许留取工艺孔,则采取附加工艺凸台的办法,待实现装配后,再将工艺凸台铣切掉。

(2)采用多支点可调支撑。在新机研制中,所有装配工装均采用多支点可调的支撑形式,将地基的不均匀变形对工装精度的影响限制在局部范围内。这是一种"以动制动"的制约方式,型架结构也变得轻巧,焊接框架的截面尺寸普遍减小。另外,采用多支点可调支撑给吊装、搬运带来了很大的方便。

(3)在民机生产中则走向另一极端,装配型架及其地基极坚固、刚性好,相应的整个厂房是封闭式空调,防止温差对飞机装配的影响。如我国为波音公司生产的波音 737 - 700 尾段中,其装配型架比起我国军机的型架要"庞大"和"笨重"得多。这主要考虑到这种机型一般要生产二十余年,每月要达到二十多架份,为了保证飞机制造的质量,这是必要的技术措施。

2. 柔性装配工装

为缩短生产准备周期,向产品工装提出了"柔性"的要求,同时现代飞机制造业的系列化特点,使同类型飞机的工装基本相同或相似,为实现产品工装的"柔性"提供了可能。提高产品工装"柔性",目前有两种方式。

(1)拼装型架方式。用标准化、系列化的型架元件来拼装型架,当进行新型飞机研制时,仍可重用原来的型架元件拼出新的工装。早在二十世纪五六十年代,我国就用标准化的底座、立柱、支臂等来拼装型架骨架,但这些元件均为铸铁件,结构粗笨,后来被较轻巧的焊接框架所取代。新型拼装型架很少采用铸铁件,多为高精度机加件,拼出的工装结构轻巧,拼装元件不仅用于构造型架骨架,而且用于型架定位器在梁上的固定和转接。

(2)可卸定位件方式。该方式即型架骨架基本不变,而分布于骨架上的定位器全部做成可拆卸的。这样,当生产任务发生变化时,只需更换新的定位器来达到工装制造的快速反应能力。型架定位器的全部可拆卸在我国飞机生产中还不多见,从近几年与国外进行的转包生产中可以看到,英、美等国采用这种做法比较多,如 MD - 80、MD - 90 的大部分工装都采用这种形式。并且,如果二次换装的定位器需要在骨架结构上新增骨架元件来满足定位器固定的要求,那么新增的骨架元件也做成可拆卸的。

3. 建立工装的三维数字模型

随着 CAD/CAM 技术的普遍应用,以及飞机结构件采用整体机加工件为主的"硬壳"式飞机的发展,飞机装配工装的设计将采用与飞机产品同样的设计方法和设计环境,首先建立工装的三维数字实体模型,进行飞机的装配过程模拟,在满足飞机装配工艺要求后,再绘制生产用图纸,如图 7 - 14 所示。图 7 - 14 展示了波音 737 - 700 尾段扭力盒壁板件装配的三维数字实体模型,而且有其他模型图显示零组件的装配定位实际状况,模拟了实际装配过程。

7.4.3 工装制造的改进

在波音 777、波音 737 - 700 等新型客机以及我国的型号工程中,飞机装配上都采用以数字定义为主的协调手段。在工装元件上,与外形有关的型面均采用数控加工,与相对位置(站位)有关的尺寸由工装元件上的坐标孔确定,坐标孔也由数控加工获得,使用光学仪器安装型架,并在部分型架安装上采用以电子经纬仪为代表的新一代 CAT 光学工具系统(有人称之为第三代安装技术)。出于技术经济因素上的考虑,仍采用一定数量的标准工装和样件来保证工装之间的协调,如型号工程中前、中机身分四段对合型架,没有完整的机身安装样件,用中、后机身对接平板,机翼、机身对接平板,主起落架量规等来协调安装型架上有对接关系的交点定位件。波音 737 - 700 的尾段中,情况是类似的,机身尾段与中段机身之间用安装平板协调,垂直尾翼、水平尾翼与机身尾段之间用标准量规进行协调。

由此可知,在现代飞机制造中,逐渐摆脱以实物模拟量传递的相互联系的串行制造方式,取而代之的是以三维数字量传递的并行独立制造方式。

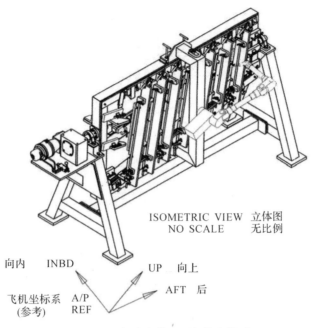

ISOMETRIC VIEW　立体图
NO SCALE　　无比例

向内　　INBD

UP　向上

飞机坐标系　A/P
(参考)　　REF

AFT　后

图 7 - 14　扭力盒装配型架数字模型

第8章 飞机制造业中的质量保证体系

8.1 概 论

8.1.1 质量管理发展概况

在过去不到 20 年的时间里,质量管理在我国经历了从引进到逐步推广应用的过程。全面质量管理(Total Quality Management,TQM)在全世界无论是观念、实物质量还是管理水平方面都得到了越来越快的发展。世界上各大企业为了提高其全球性的竞争力正在积极推行 TQM。

从质量检验到统计质量管理,进而发展到全面质量管理,无论从质量管理理论或实践来看,都是一个"质"的飞跃过程。全面质量管理不是一种简单的管理方法,而是一种学说,是一整套管理思想、理论观念、手段和方法的综合体系。美国著名质量管理专家菲根堡姆(A. V. Feigenbaum)把全面质量管理定义为:"为了能够在最经济的水平上,并考虑到充分满足顾客要求的条件下,进行市场研究、制造、销售和服务,把企业各部门的研制质量、维持质量和提高质量的活动构成为一种有效的体系。"经过长期的实践和总结,人们认识到全面质量管理实质上是一种以质量为核心的经营管理,是新的经营哲学。

在发达国家,由于现代生产的发展和市场竞争、国际贸易的客观要求,较早地开始了质量管理与质量保证的标准制定工作。质量保证活动最早开始于西方的国防部门。其方式是政府和军方向军火承包商提出质量体系要求,要求其有一套健全的质量体系、明确的质量目标和政策、齐全的质量标准和严密的控制手段。从 1959 年开始,美国及北大西洋公约组织就分别对其下属军工企业或承包商提出了"质量大纲要求""对工业部门的质量控制体系要求"等一系列标准,后来又在核电站采购合同中提出了质量保证要求,以后又一直扩展到民用工业。美、英等国相继在 20 世纪 70 年代制定了有关国家标准,直至国际标准化组织 ISO 制定的国际质量管理与质量保证系列标准 ISO 9000 于 1987 年公布。到目前为止,世界上已经有 70 多个国家采用该标准为国家标准。在国际市场上,ISO 9000 系列已成为评估产品质量和合格质量体系的基础,也是许多国家的第三方质量体系认证注册计划的基础。这些标准在世界贸易发达的美国、日本,以及欧洲联盟和欧洲自由贸易地区,都已经成为日常采用的标准。在国际进行的经济技术合作和贸易中,主要工业国家已把 ISO 9000 系列作为合作的基础,用它来评定供应厂商的质量控制能力。

全面质量管理在我国的推广应用有着特别重要的意义。我国产品质量的提高、职工质量意识的增强、科学质量管理方法的应用和企业素质及经济效益的提高以及我国在全球竞争中要占据一定位置都离不开 TQM。从 1978 年开始我国引进了日本式的全面质量管理——TQC(Total Quality Control),在 10 年中,已在全国大、中企业广泛推行,并逐步普及,此后,我国产品质量不稳定状况有所改进,并且使质量管理逐步由人治向法治转化,由被动转为主动控制,由自发分散的管理转为自觉、系统化、科学化管理,这一段时间为我国打下了科学管理的基础。但在质量管理方面我国还没有突破性的表现,这主要是因为计划经济的管理体制思想根深蒂固,重产值而轻质量,重速度而轻效益。随着改革开放程度的加深,参加国际竞争已成为全社会的共识,质量问题越来越引起国家领导的重视。当党的十四大决定要建立社会主义市场经济体制后,形成了促进提高质量的有利条件。因为市场经济的最大特点是竞争,竞争的焦点是质量,而保证质量的前提是加强质量管理,这是符合客观规律的。从 1988 年开始我国在质量管理和质量保证方面制定了国家标准,即于当年 8 月开始等效采用了国际标准 ISO 9000系列(即 GB/T 10300)。后来鉴于复关和大力发展外向型经济的需要,1992 年 5 月我国决定从 1993 年 1 月开始等同采用国际标准 ISO 9000(即 GB/T 19000－ISO 9000),并推行质量认证制度。与此同时,我国相继颁布了一系列质量法律和法规,最主要的有《中华人民共和国产品质量法》《中华人民共和国消费者权益保护法》《中华人民共和国反不正当竞争法》等,使我国产品质量走上了法制轨道。但从整体而言,我国同国际先进水平还有较大差距。世界质量大会提出了"质量第一,永远第一"的战略口号,同样,质量也将是我国经济建设中的永恒主题。

在航空工业中,飞机制造一直使用的是苏联二十世纪五六十年代的管理方法。随着改革开放的进展,航空工业也在走向世界,并较早接触到了国际先进质量管理经验。1980 年,西安飞机制造公司开始接受美国波音公司的来料加工订货,并按波音公司的要求建立了质量保证体系,编写了质量手册。一些航空发动机制造厂在引进斯贝等发动机的同时也引进了英国的质量管理方法。后来的上海飞机制造公司与美国麦道飞机公司的合作,使他们建立了适应民机适航管理的飞机质量保证体系。1997 年各飞机制造公司在承接波音公司项目中按波音公司要求执行波音 D1－9000 要求,贯彻执行波音公司先进质量体系(Advanced Quality System,AQS)。由于飞机这种高科技产品的高质量和高安全性的要求,使得飞机制造业必须执行世界上最严格、最先进的质量管理与质量保证标准。这就是飞机制造业所面临的现实,否则在世界航空业将无立足之地。

8.1.2　几个基本质量概念

过去无论在国内或国外,在各种场合下使用的有关质量的一些基本概念的定义及对其相互关系的理解都比较混乱,这种状态不利于我国的改革开放及国际贸易,应尽快地把这些基本概念和有关术语及其相互关系的理解统一到国际标准上来。下面就按照国际标准(ISO 8402－1986)质量术语标准,来介绍几个基本质量概念及其相互关系。

1. 质量管理(Quality Management,QM)

质量管理的定义为:"确定质量方针、目标和责任,并借助质量体系中的质量策划、质量控制、质量保证和质量改进等手段来实施的全部管理职能的所有活动。"

从定义可看出,质量管理的职能是负责质量方针的制订和实施。质量管理的三要素是质量方针和目标、质量体系和组织结构等。即质量管理是指企业的全部质量工作,其中包括质量战略和计划、资源配备以及其他有关的系统活动。

为了进行质量管理,首先必须制订质量方针和目标,为了实施质量方针和实现目标,必须建立完善的质量体系,以对影响产品质量的各种活动进行控制并开展质量保证活动,因此说,质量管理包括了质量控制和质量保证两个方面。质量管理应由企业最高领导负责,但企业的有关部门和人员均有义务参加有关活动,各负其责,这样才能真正达到预定的质量目标。

2. 质量控制(Quality Control,QC)

质量控制的定义为:"为达到质量要求所采取的作业技术和活动。"美国质量专家朱兰认为,"控制"一词的内涵是制订以及达到标准的过程,而质量控制是我们测量实际质量的结果,与标准对比,并对差异采取措施的调节、管理过程。开展质量控制活动的目的是预防问题的再发生。

对质量控制的理解绝不应只限于运用数理统计来控制质量这一狭窄范畴。当对生产全过程进行监控时,数理统计方法是一个重要手段,但不是全部。质量控制活动可以大体分为两个阶段:各种控制计划和程序的制订属于第一阶段,即预防阶段,在实施过程中要进行连续评价,发现问题后进行调查与分析,对不符合项进行处置并采取纠正措施是第二阶段,即评定和处置阶段。

由定义可见,"质量控制"要贯穿在质量环的所有环节,即营销和市场调研、设计/规范的细则和产品开发、采购、工艺策划和开发、生产制造、检验/试验和检查、包装和储存、销售和发放、安装与运行、技术服务和维修、用后处置等十一个环节,如图8-1所示。要排除这些环节的有关技术活动偏离规定要求的现象,使其恢复正常,达到控制的目的。

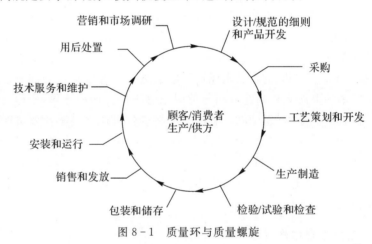

图 8-1 质量环与质量螺旋

开展质量控制活动应遵循下述基本原则:

(1) 产品的质量问题应在开发设计、生产等过程中加以预防。

(2) 通过计划、检验、试验、报告和纠正措施,在产品质量全过程中各阶段积极地、协调地实施控制。

(3) 所有影响质量和鉴定质量的人员应按计划积极地、协调地进行工作。

ISO 9000 系列标准中把工作程序的制订、实施和检查作为企业质量控制的主要方法和手段。

3. 质量保证(Quality Assurance,QA)

质量保证的定义为:"为提供某实体能满足质量要求的适当信赖程度,在质量体系内所实施的并按需要进行证实的全部有策划的和系统的活动。"

质量保证的基本思想是强调对用户负责,其思路是:为了确立某实体的质量能满足规定的质量要求的适当信任,就必须提供证据。而这类证据包括实体质量测定证据和管理证据,以证明供方有足够的能力满足需方要求。为了提供这种"证实",公司或企业必须开展有计划、有系统的活动。

值得注意的是:质量保证的定义中并未笼统地提"确信",而是"适当信赖程度"。这显然是考虑到质量的经济性,考虑到产品的价格,服务价格或统称实体的价格和外部质量保证费用。也就是说,公司或企业所提供的质量保证水平与经济性是密切相关的。不可能设想对耐用品和低值易耗品二者提供同样的质量保证的"证实"。

"质量保证"术语定义中的"适当信赖",其主语是指顾客和企业管理者,但归根结底是指顾客。"质量保证"分为内部质量保证(Internal Quality Assurance)和外部质量保证(External Quality Assurance)。由于企业的管理者(或称领导)必须对企业的质量管理负全部责任,并且要同对外向顾客负责保持一致,所以,也只有当企业管理者本身对本组织的质量保证能力取得并保持信赖时,才敢于对外提供质量保证,并承担由此所产生的质量责任,其中开发对质量体系的内部审核的评审,是内部质量保证职能的重要组成部分。为使顾客取得信赖,必须提供外部质量保证和相应的质量保证的"证实"。外部质量保证所开展的活动包括:需方对供方质量体系进行验证、审核和评价。同时,供方须向需方提供其质量体系满足合同要求的各种证据。例如:质量手册、质量计划、质量记录、各种工作程序等质量体系文件、记录。以及供方对其实施某质量要求的声明。

4. 质量体系(Quality System,QS)

质量体系的定义为:"为实施质量管理所需要的组织结构、职责、程序、过程和资源。"

由"质量体系"的定义可见,质量体系是质量管理的核心,质量体系应当是组织机构、职责、程序之列的管理能力和资源能力的综合体,其内涵包括以下几个方面。

(1)质量体系不仅包括组织结构、职责、程序等软件,还包括"资源"。"资源"就是人、财、物。

1)人才资源的专业技术(人力和智力);

2)设计和研制设备;

3)制造设备;

4)检验和试验设备;

5)仪器、仪表和计算机软件。

也就是说,质量体系的建立和健全的基础是人、财和物。

(2)质量体系是为实施质量管理而建立和运行的,并不包括质量方针的制订。因此,一个组织的质量体系是包含在该组织质量管理范畴之内的。

(3)原则上,一个组织的质量体系只有一个,一般来说,每个组织实际上已经固有了一个质量体系。也就是说,任何一个组织都必然客观存在着一个质量体系,也就是存在着组织结构、职责、程序、过程和资源。实际上我们所要做的是期望或要求每个组织能够按 ISO 9000 标准中有关质量体系标准,来建立和健全该组织的质量体系。使之更为完善、科学和有效。

(4)在 ISO 9000－0 的引言中指出:一个组织的质量体系应受该组织的目标、产品或服务及其实践的影响。因而,各组织的质量体系是不同的质量体系的建立和健全必须结合本组织的具体特点和内、外部环境来考虑。例如,根据产品类型、生产方式等因素,合理选择体系要素,落实质量职能,并通过信息、协调、监督、考验以保证质量体系的有效运行。也就是说,每个组织不可能也不应该采用同一质量体系模式。

质量体系是一个统称,在不同的经营环境中可加上定语来具体化。在合同环境下,为了向需方进行质量保证而建立的质量体系叫作质量保证体系。而在非合同环境中,即为了搞好企业自身的质量管理而建立的质量体系,一般称为质量管理体系,也可称质量体系。

5.几个基本质量概念之间的关系

不论在国内还是国外,对这几个质量概念,尤其是 QM、QC、QA,在理解和应用中都存在不同程度的混乱状态。三个概念两两之间(QM 与 QC、QC 与 QA 以及 QM 与 QA)也往往混淆不清。在 ISO 8402 标准中基本上解决了这个问题。

图 8-2 给出了四个基本质量概念之间的关系。从图中可见质量管理是指企业的全部质量工作,用图中最大的正方形代表。在质量管理中首先要制订质量方针,然后建立质量体系,所以把质量方针(由大圆外的面积代表)画在质量体系这个大圆之外。在质量体系中又要首先确定组织结构,建立有关机构及其职责,然后才能开展质量控制和质量保证活动,所以把组织结构画在小圆之外。小圆中质量控制和内部质量保证用"S"形分开,是表示这两者之间的界限有时不易划分,有些活动两者都归属,相互不能分离,如对某项过程的评价、监督和验证,既可说是质量控制,也是质量保证的内容。

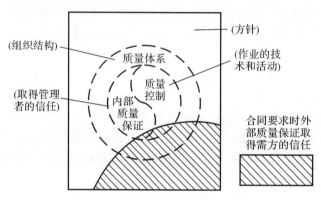

图 8-2 基本概念之间的关系图

图 8-2 中的斜线部分是外部质量保证的内容,即合同环境中企业为满足需方要求而建立的质量保证体系。质量保证体系(合同环境中)是其整个质量管理体系中的一个部分。一个企业往往同时处于合同与非合同的环境中,图 8-3 比较直观地描述了企业所处的两种环境的概念。

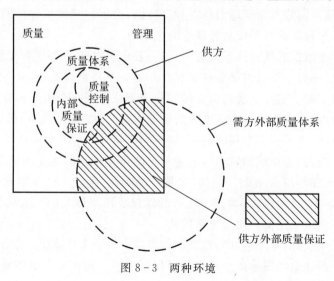

图 8-3 两种环境

8.1.3　质量管理和质量保证的标准化

1977 年在联邦德国 DIN(德文名称:Deutsches Institut für normung e. v)的倡议下,国际标准化组织(ISO)中央秘书处通过了设立 TC176 的决议。TC176 原名为"质量保证技术委员会",1987 年随着制定标准的过程,为更确切地反映工作性质,TC176 改名为"质量管理和质量保证技术委员会"。该委员会是为制定国际上统一的、科学的质量管理和质量保证基本标准而建立的,为了在国际经济合作和贸易往来中有统一的语言、概念和做法。

自 ISO/TC176 成立以来,在总结各国质量保证经验的基础上,先后用了五年时间制定出了质量管理与质量保证的国际标准,于 1987 年 3 月,由国际标准化组织 ISO 正式发布了 ISO 9000, ISO 9001,ISO 9002,ISO 9003 和 ISO 9004 等国际标准。于 1986 年 6 月正式发布了 ISO 8402—1994《质量术语》国际标准。

ISO 9000 系列及与之配合的 ISO 8402 术语标准带来了国际范围内的协调,并促进了作为国际贸易中重要因素——质量因素的日益增长。ISO 9000 是在总结、协调各主要质量体系的基础上形成的,它与通常的工程标准,如计量、试验方法、产品规格等技术标准有很大不同。ISO 9000 的概念是管理工作的普遍特征可以实现有效的标准化,给供需双方都带来好处。因此,ISO 9000 的发布是质量管理和质量保证工作规范化、程序化和国际化的新阶段,满足了当今国际贸易中商业和工业的需要。

8.1.4　ISO 9000 系列质量管理和质量保证的标准化

ISO 9000 系列由五个标准构成,如图 8 - 4 所示。

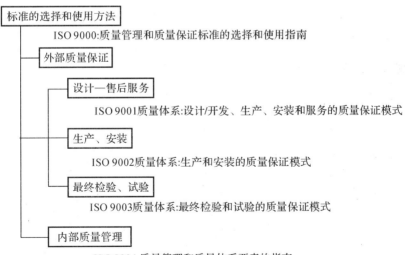

图 8 - 4　ISO 9000 系列的构成

ISO 9000 - 0 标准是采用和选择 ISO 9000 系列标准的总指南,也就是该标准的指导性文件。它规定了选择和使用 ISO 9001 至 ISO 9004 的原则与方法,并阐明了质量管理、质量体系、质理保证和质量控制等几个基本质量概念及其相互关系(8.1.2 节已经作了介绍)。

图 8 - 2 为 ISO 9000 - 2 标准文件中的概念之间的关系图。从图 8 - 3 中还可以清楚地看出 ISO 9000 - 0 指导两种条件或环境下的质量体系运行,即外部质量保证(如合同环境)和内部质量管理(如非合同环境)。

在外部质量保证条件下,ISO 9000 系列提供了三种质量保证模式,即 ISO 9001、ISO 9002 和 ISO 9003,供合同双方选用,它们分别代表三种不同技术和管理能力的合同要求。这三种质量保证模式相互包容,如图 8 - 5 所示,可以看到它们不是同心圆,这形象地描述了其内涵的差异。从适用范围来说,ISO 9001 完全涵盖 ISO 9002,而 ISO 9002 则将 ISO 9003 包含在内。

在内部质量管理条件下,ISO 9004 指导企业建立健全、有效的质量体系。通常,一个完善的质量体系是综合考虑了企业风险、费用和利益几个方面,实际上成了促进企业质量控制最佳化的重要管理手段。ISO 9004 提出并阐述了质量管理体系一般应包括的基本要素,即内容包括的要求项目。企业应该根据市场环境、产品类型、生产特点和用户需要等具体情况选择相应的要素和采用这些要素的程度。

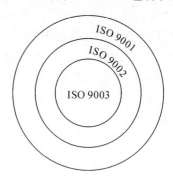

图 8 - 5　质量保证模式包容关系示意图

一个企业往往同时处于上述两种环境之中,也就是说企业的产品,一方面要面向广泛市场,另一方面要按所签合同提供给需方。

ISO 9000 系列标准的内容就不在此作详细叙述,从图 8 - 6 所示的三个标准的要求事项中可以基本了解到此系列标准的内容。

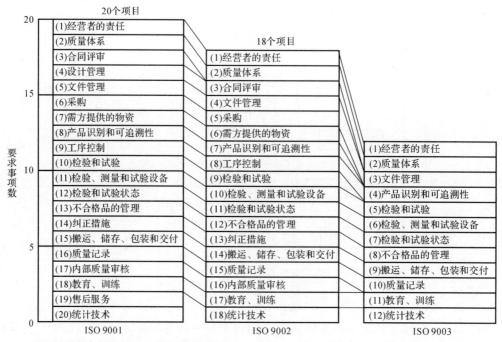

注:项目前数字表示ISO 9000系列的章中节号。

图 8 - 6　ISO 9001—ISO 9003 的要求事项

随着全球经济的发展,质量管理与质量保证的标准化工作会得到不断地发展和完善,新的标准会不断取代旧的标准。

8.2　飞机质量工程的几个重要环节

8.2.1　制造过程

在产品型号合格审定后,不仅要通过良好的制造工艺来实现设计要求,还要对制造过程这一重要环节加以控制,才能生产出符合型号设计的优质产品。工厂质量保证体系建立起各种职能,为稳定地成批生产优质产品提供了条件,然而产品质量是直接取决于制造过程的,因此对整个制造过程严加控制是至关重要的。

制造过程的控制涉及面很广,其包括:①厂房设计和工艺布置;②设备性能和精度要求;③产品、零部件、材料在加工、转运和储存中的防护;④制造文件的控制;⑤检验控制点的安排;⑥现场检验站的设置;⑦检验记录的管理;⑧首件检验;⑨抽样检验;⑩不合格品控制;⑪工量具控制;⑫操作人员上岗培训及合格证控制等各个生产控制环节。这里主要体现质保现场管理及质保检验的作用。

8.2.2　特种工艺控制

特种工艺是指那种对材料进行一系列经精确控制的工艺处理,使其产生物理、化学或冶金性能的变化,非经破坏性试验,仅从外观无法衡量其是否符合规范要求的工艺。正因为特种工艺的这种控制环节多、操作要求严格、偏差潜伏不易发现、涉及面广、危害性大等特点,故而把特种工艺列为重点,作为一单独控制项目,要求采取一系列特殊手段来加以控制。我国航空工业过去把特种工艺通称为冶金工艺或热加工工艺。

无损检测是一种采用特殊技术不经破坏来检查发现原材料存在的,或特种工艺过程所产生的人类肉眼所不能发现的近表面或内部缺陷。因其检查过程是一个复杂的控制过程,国外通常把无损检测方法编写成工艺标准,按特种工艺来对待。然而其在保证产品质量上有特殊重要地位,其判断的准确性往往依靠检测人员的技术熟练水平,与一般的特种工艺又有所不同。由于特种工艺、无损检测对确保航空产品质量有着特殊重要的作用,故在民用飞机的适航条例中把特种工艺、无损检测列为质控系统中所必须具备的两种功能。麦道公司工艺控制的主要依据是 DPS。

工艺控制偏差通知(NOD)和停止操作单(COT)是工艺控制的重要手段,在现场发现有偏差用 NOD 进行跟踪。工艺控制试验不合格,则发出 COT 促进整改,建立严格的记录报告归档办法,以形成闭环的控制系统。

工艺控制系统的流程如图 8-7 所示。

8.2.3　工量具设备校准和控制

工量具、设备的校准是质量保证体系中的一个重要环节,它是确保产品质量的基础。我国航空工业对计量校准历来是重视的,因此也有一定的基础。

美军标 MIL-STD-45662"校准系统要求"对校准工作是从系统的高度来要求,注意抓好各个环节使其真正形成系统,有完整的程序,有适应于生产要求的精密标准和仪器,有符合于标准要求的计量环境,有严格的溯源和传递要求,有控制设备复检的可靠办法,有明显的设备检定状态的标志,有可靠的校准规程,有计量记录档案,能够做到闭环跟踪。麦道公司把这个系统称为检定控制系统(Certification Control System,CCS)。以标准工作法 PSP 10.024 规定该系统的具体技术要求,以标准工作法 PSP 10.019 规定该系统的管理要求,包括全厂各部门在该系统中所应承担的责任。

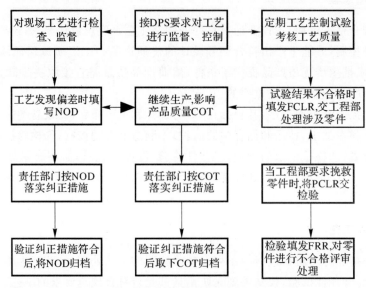

图 8-7　工艺控制系统流程图

麦道公司的计量工作除负责常规的长、热、力、电的量值校准外,为确保飞机专用的生产测试设备(PTE)的准确性,专门设立校准设备(Calibration Equipment,CE)室,配备了相应的校准设备对 PTE 进行校准,其范围涉及飞机上的九大系统:导航系统、仪表系统、电气系统、动力系统、液压系统、空调系统、操纵系统、通信系统、防冰系统。除此之外全机称重、全机校水平等设备都经计量室校准。

量值传递路线如图 8-8 所示。

图 8-8　量值传递路线

8.2.4　工装管理和控制

飞机工艺装备是保证飞机装配精度、协调飞机结构和系统安装准确性,以及测试飞机各系统的功能特性,确保飞机安全、可靠、稳定地进行飞行试验所必需的专用设备。麦道公司对工装管理的内容,远较我国传统的工装范围广泛。他们把工装分成如下九大类。

(1)模线样板(Layout Template,LT)。

(2)标准工艺装备(Master Tool,MT)。

(3)零件制造工艺装备(Fabrication Tool,FT)。

(4)装配型架(Assembly Jig,AJ)。

(5)地面支援设备(Ground Support Equipment,GSE)。

(6)手提易损工具(Perishable Portable Tool,PPT)。

以上 6 类工装与传统的工装分类相比,基本相同。

(7)生产测试设备(Production Test Equipment,PTE)。

它包括飞机上各系统进行地面测量和调试用的仪器、仪表、装置等设备,用以验证飞机设计性能是否已经实现,若发现故障,就及时排除,从而提高试飞的安全性,减少试飞工作量。这些设备配有专职的工装联络人员,同时与其他工装一样,也纳入计算机管理。

(8)产品防护装置(Protect the Product,PTP)。

它包括飞机结构突出部位以及翼尖及副翼后缘等结构易损部件的防护装置,发动机进气道防尘盖,各种管路进出口端的堵头等。

(9)数控介质(Machine-Controlled Medium,MCM)。

它包括加工零件、部件对接面或工装型面所用的数控介质。它是一种软质工装。

飞机工艺装备是确保飞机制造质量和提高生产效率的前提,是飞机生产的一个重要组成部分,为此必须加强工装管理和控制。目前质保部对工装的控制也远较传统的控制内容广泛,既负责对工装制造的符合性检查,也对使用中工装质量进行控制,对不合格工装有权停止使用,直至监督返修合格为止。

工装的质量控制包括对工装制造和工装使用全过程的控制。

8.2.5　不合格品审理控制系统

不合格品控制及其审理工作是整个质保体系的重要组成部分,在其中占有非常重要的地位,不管是 MIL-Q-9858A 对军机生产的质保体系要求,还是 FAR21.143 对民机生产的质保体系要求,都作出了明确的规定。要求对拒收品严加控制,防止其未经妥善审理就被误用在产品上,或因对产品产生的故障未做认真评审和妥善处理就带故障交付,从而影响质量和安全。

麦道公司有一套严密的不合格品控制和审理系统,并利用各类表格把不合格品审理与纠正措施联系起来,即将不合格品严格加以控制,使之得到妥善处理,又能防止类似的偏差和故障再发生,从而不断提高产品质量,降低成本。

为了对不合格品进行有效的控制和审理,并不断提高产品质量,降低生产成本,就必须建立和保持一个不合格品审理控制系统。在接收、加工及装配试飞的整个生产过程中,一旦发现不合格或不满意供应品,都应该加以标识并从正常的生产渠道中分离出来,进行隔离及随后处理。不合格品审理控制流程简图如图 8-9 所示。

8.2.6　印章与合格证控制

为确保操作人员和检验人员素质,落实和追踪产品质量责任,麦道飞机公司采用培训上岗、持"印"操作的做法,规定凡是直接参加生产的工人、检验(试验)人员和工艺计划人员都必须经过严格的专业培训、考试以取得相应的证书并持有一枚有效印章。每当工序完成后,操作人员在工艺指令性文件上有关工序的栏目处立即加盖自己的专用印章,不得以签字代替盖章,这就突破了我国传统将印章只发给检验人员的做法。工艺计划文件(AO,FO)是生产指令,要保证其正确性必须由训练有素的工艺计划人员来编制,包括随后的更改都应由工艺计划员盖章以示负责。操作质量和检验质量同样重要,不能只要求检验者对质量负责而操作者可以对质量不负责任。过去虽对重要件进行控制,采用工艺合格证办法,要求操作人员签名或盖章以示负责,但仍不够严密,由于签字潦草,过了一段时间就不易弄清,私人印章也有名字类同的弊病,印章又没有备案,到关键时刻难以真正落实责任。如果使用的是受控的印章,又规定了严格的使用方法,这就为落实和跟踪质量责任制创造了条件。由于人员、工种及合格证等都是不断变化的,为适应这种情况,必须采用计算机辅助手段实行动态管理。合格证/印章清册现行版本是直接发至各检验站的,现场检验员验收产品时要核对此清册,这就将合格证/印章控制落到实处。因此,搞好合格证/印章控制,是质量管理的基础工作之一。印章形式如图8-10所示。

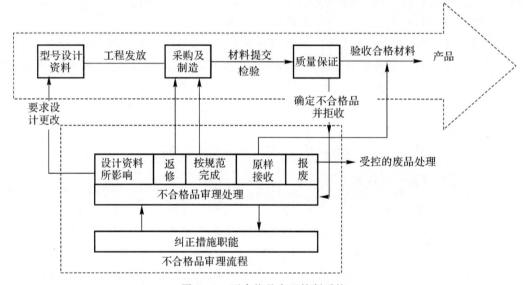

图 8-9　不合格品审理控制系统

印章类型	印章形式		发给对象
	上航公司	麦道公司	
质量印章	<u>12B345</u> 8256	<u>12345B</u> 8256	操作工人和器材保管工
检验印章	<u>12345B</u> 8256	B12345 8 256	检验/校准、无损检测人员和质保工长、质保计划
计划印章	B12345 8256	12345B 8256	工艺计划人员和工作指令控制人员

图 8-10　印章形式图

合格证/印章控制流程图如图8-11所示。

8.2.7　架次记录控制

大型民用客机是一个极为复杂的产品,由数十万零件、成品和上万项工序组成。要保证一个零件不漏、一道工序不差地完成装配、安装和试验,确实是一项极为复杂的控制工作,也只有做好此工作,才能从根本上保证产品质量。

麦道公司对每架飞机结合型号设计要求,按装配、安装、试验工序,逐一编写装配指令。每架飞机的装配指令(包括先行装配指令)都带有该飞机的架次号(机身号),故称为架次文件。架次文件就是这些工艺指令文件,经工人逐项操作完毕盖上质量印章、质保检验验收后在同意归档栏(OK TO FILE)盖上检验印章后,就成为架次记录,它属于飞机质量原始记录的一部分,再加上在装配、安装、试验过程中所产生的"不合格性文件"就构成架次记录的全部内容。

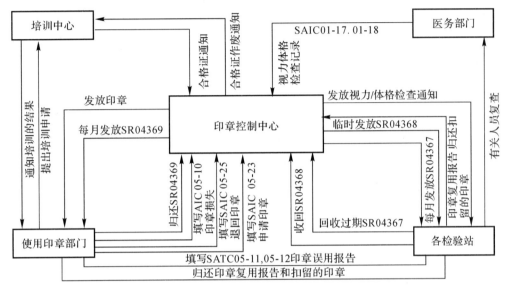

图 8-11　合格证/印章控制流程图

(1)装配指令 (Assembly Order - Ship's Record,AO - SR)。

(2)先行装配指令 (Advance AO - SR,AAO - SR)。

(3)故障拒收报告(Failure & Rejection Report - SR,FRR - SR)。

(4)偏差项目(Discrepancy Item - SR,DI - SR)。

(5)拆卸项目(Remove Item - SR,RI - SR)。

(6)飞行工作指令(Flight Work Order - SR,FWO - SR)。

(7)客户项目(Customer Item - SR,CI - SR)。

前两种是制造管理的生产指令文件,后五种是在生产中发生不合格或不满意的情况时,由质保检验人员开具的拒收表格,经工程部门、质保部门进行不合格品审理完成后的质量记录,又称为"不合格性文件"。其中,CI - SR 由客户代表开具,经质保部门处理后归档。

中美合作生产的 MD - 82 飞机,从装配到交付每架飞机架次记录共约 4 000 份,在飞机取得单机适航证前,必须一份不少地进入质保档案室复印,原件每周一次定期邮寄到麦道公司质保部进行缩微归档,复印件在上航公司保留归档。架次记录经完成归档就成为飞机的质量记录档案,它是产品制造符合性的客观证明,必须要保证其正确性及完整性,长期保管、随时备查。因此,架次记录控制是飞机生产过程中质量管理的重要内容之一。

架次记录的控制是通过计算机动态管理来实现的,如图 8-12 所示。

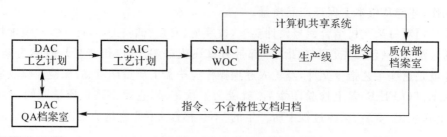

图 8-12 架次记录的控制图

8.3 先进质量体系概述

先进质量体系 D1-9000 是波音国防及空间集团优先选用的质量体系。波音公司将对供应商的质量体系按 D1-9000 的要求进行审核。

这份标准是波音公司几十年质量管理经验的总结,不但反映了波音公司在过去几十年里为推进连续质量改进工作所作的坚持不懈的努力,而且反映了波音公司作为一个全球性的工业企业所具有的战略眼光。尤其是这份标准的 AQS 部分,提出了以连续质量改进的管理哲学和以理论为基础的、以统计技术为核心的全新的质量管理方法。航空产品的合作或转包生产为我国的工业企业提供了走向世界的桥梁,而先进的质量管理则是这座桥梁的基石。因此,对于致力于成为世界级供应商及工业企业的波音公司的中国供应商来说,贯彻 D1-9000 标准,推进 AQS 的实施,具有深远的意义。现在航空工业有关企业已开始执行 D1-9000 标准。

波音公司 D1-9000 先进质量体系由两个部分组成:基本质量体系(BQS)和先进质量体系(AQS)两部分组成。下面我们将对这两部分作简要介绍。

供应商质量体系的批准分两级。满足 BQS 要求的得到 D1-9000 基本质量体系的批准。已获得 BQS 批准,并且成功地满足 AQS 要求的才可获得 D1-9000 先进质量体系的批准。

8.3.1 基本质量体系

基本质量体系这部分是在逐字照搬引用国际质量标准 ISO 9002 第 4 节的基础上编制而成的,波音公司用独特的质量体系要求补充了 ISO 9002。它叙述了作为波音批准的供应商必须满足的质量要求,明确了必须符合的条例以及航空工业标准和要求。

BQS 符合性问题单必须作为本标准的附加部分。供应商必须使用该问题单帮助自己编制 D1-9000 程序和内部审核检查单。

基本质量体系内容有以下 20 项,组成文件的 20 节内容。

(1)管理职责。

(2)质量体系。

(3)合同评审。

(4)设计控制。

(5)文件和资料控制。

(6)采购。

(7)顾客提供产品的控制。

（8）产品标识和可追溯性。

（9）过程控制。

（10）检验和试验。

（11）检验、测量和试验设备的控制。

（12）检验和试验状态。

（13）不合格品的控制。

（14）纠正和预防措施。

（15）搬运、贮存、包装、防护和交付。

（16）质量记录的控制。

（17）内部质量审核。

（18）培训。

（19）服务。

（20）统计技术。

具体内容见《先进质量体系》一书中的第一章。

8.3.2　先进质量体系

先进质量体系就是通过系统地减少关键特性的波动来改进质量的过程。这些关键特性可能反映了零件和装配件或制造过程参数（关键过程参数）的硬件特征。

图 8-13 所示为 AQS 的基本要素。供应商必须有能力确定和测量关键特性的波动，并表明关键特性的统计控制状态和能力。此外，当关键特性不受控和/或能力不足时必须采取纠正措施。纠正措施包括系统地确定关键波动源并对其实施控制。

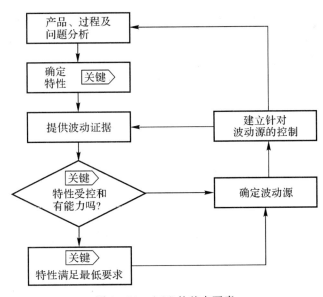

图 8-13　AQS 的基本要素

8.3.3 先进质量概念

(1)质量成本(Cost of Waste)。对航空航天工业的研究表明,用传统方法生产零部件时,40%或更多的加工过程中的资源消耗在纠正质量问题上。建立一个收集质量成本的系统,将会为更有效地分配资源奠定基础,使经营决策更精明,质量得到明显改进。

以成本为基础的系统应包括成本的三个主要方面:

1)预防——培训、质量工程和过程控制;

2)鉴定——检验和试验成本;

3)失效——报废、返工、修理、担保和经营成本损失。

大多数公司大大低估了失效成本。据估计,失效成本要高于鉴定和预防成本总和的5倍。

(2)工作组(Teamwork)。组建工作组并进行信息交流是建立良好的质量体系的基础。工作组应包括来自与过程直接相关的职能部门的关键人员。如果需要的话,其他职能部门的代表也可以参加,每一位成员为工作组带来自己的专长和观点,工作组将成员的才能融合在一起。工作组的决策比个人决策的质量更高。而且工作组成员更愿意对工作组的决定负责,并积极地实施这些决定。

(3)质量杠杆(Quality Lever)。质量杠杆(见图8-14)表明,对质量影响最大的是产品设计和工艺设计阶段。质量问题发现得越早,产品质量就越容易提高,使用的资源就越少。

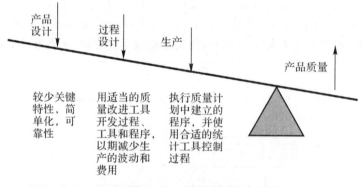

图8-14 质量杠杆

(4)门柱法(Goalposting)。门柱法是衡量零部件可接收性的传统方法。它是一个非黑即白的环境,即只要落在公差范围内就算合格。因为它假设只要产品在公差范围内就没有质量损失,就不需要进一步改进加工过程。这个概念使波音公司和供应商都付出了代价。

(5)波动(Variation)。波动是指被测量特性在量值上的变化。偏离目标值的任何波动都会导致浪费。即使在公差范围内的波动,最终都会导致损失,例如报废、返工和返修。波动还会降低提供给用户的产品的使用寿命和性能。

(6)损失函数(Loss Function)。损失函数表明了波动——包括公差范围内和公差范围外的波动——引起的经济损失。虽然该函数的具体形式通常是未知的,但是用一个简单曲线来近似地表示,就可以从理论上阐明波动对一个特定的过程带来的经济影响,如图8-15所示。

(7)关键特性(Key Characteristics)。从用户的角度来看,如果材料、零部件或过程特性的波动会对交付后制成品的适配性、性能或使用寿命造成很大影响,那么,这种特性就是关键特性,如图 8-16 所示。质量工作组应把他们的精力集中在最重要的产品特性上。关键特性的数量少,则使用统计方法跟踪其特性就比较合理。统计过程控制和能力的测量应该用于关键特性上。

非关键特性并不是不重要。它们仍需受到关注,并且满足规范要求。

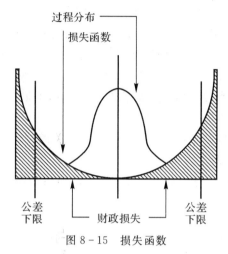

图 8-15 损失函数

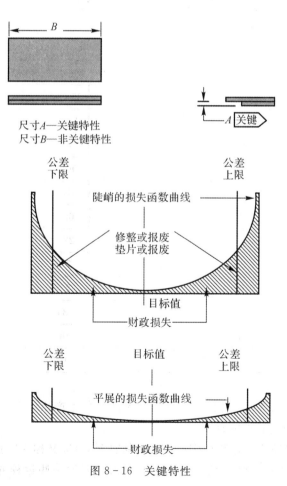

图 8-16 关键特性

另一种研究关键特性的方法是使用损失函数概念。关键特性是那些波动将引起最大损失并具有很陡的损失函数曲线的特性。

将精力集中在关键特性上的做法,提供了一种最有效地分配质量资源的方法。

注意不要把关键特性同飞机工业中有时也称作关键特性(或临界特性)的飞行安全或设计特性相混淆。这些临界特性可以是也可以不是关键特性。

(8)统计过程控制(Statistical Process Control)。统计过程控制是指使用诸如控制图等统计工具随时监控过程输出的学科。控制图常用于识别关键特性或过程波动源。

(9)能力和能力指数(Capability and Capability Ratios)。能力:关键特性或过程的固有波动称为"能力"或"散度"。数学上,"能力"被定义为由一系列独立的测量值计算出来的 6 倍标准偏差(6σ)的散度。

能力指数:可以将能力与工程规范进行比较以判断关键特性是否能满足要求。通常用能力指数作为手段进行评价。两个常用的指数是"C_p"和"C_{pk}"。

C_p 是工程公差的宽度除以过程输出的能力或散度所得的商,即

$$C_p = \frac{\text{工程容差}}{6\sigma}$$

C_p 值没有把过程平均值与设计规范的目标值之间的关系考虑在内。C_p 通常用于控制状态下的过程。有可能 C_p 值为 2,产品却 100% 不合格,因为过程值全部落在设计规范以外。因此 C_p 称为"过程潜力",其物理意义见表 8-1。

表 8-1 过程散落表

过程潜力 C_p	每百万个零件被查出问题的零件数
0.50	133 614
0.75	24 449
1.00	2 700
1.10	967
1.20	318
1.30	69
1.40	27
1.50	7
1.60	2
1.70	0.34
1.80	0.06
2.00	0.001 8

也就是说,当 $C_p = 1$ 时,该过程对每百万个零件平均生产出 2 700 个需返工或报废(前提是过程平均值等于目标值)的零件。

C_{pk} 是考虑了关键特性或过程的中心位置的统计量。C_{pk} 又称为"过程实际能力"。波音使用 C_{pk} 来衡量关键特性或过程满足工程规范的能力。因为一些过程并不位于公差的中心位

置,则有

$$C_{pk} = \min\left[\frac{\text{上限} - \text{平均值}}{3\sigma}, \quad \frac{\text{平均值} - \text{下限}}{3\sigma}\right]$$

式中:平均值为过程输出的平均值。C_p 和 C_{pk} 的关系如图 8-17 所示。

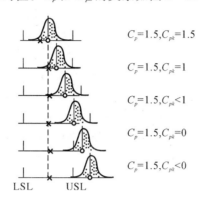

图 8-17　C_p 和 C_{pk} 关系图

(10)波动源(Sources of Variation)。关键特性的质量与波动源有关,如图 8-18 所示。

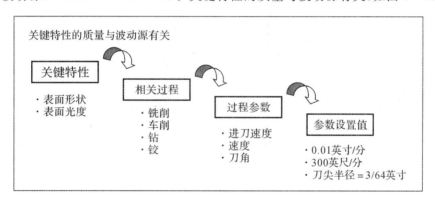

图 8-18　关键特性的质量与波动源有关

关键特性的波动受控于加工这些特性的过程,这些相关过程的过程参数(输入)和参数的设置值会对波动产生影响。为了持续减少关键特性的波动,必须调查这些基本过程,找出主要波动源。最终,应通过对过程参数的控制确保关键特性的质量。

如果上层工作图纸中标出的关键特性出现了波动过人的情况,其原因往往可追溯到低层零部件的波动上。因此,上一层图纸的关键特性应传递到下一层图纸的关键特性上,即关键特性的传递,以使制造者能追溯波动源。

(11)实验设计(Design of Experiments)。实验设计是这样一种有效的工具,它可被用来确定产生优良产品特性的过程参数和参数设置值,实验设计允许人们同时高效率地试验若干个过程参数,而仍能对每个参数对过程输出的效应作出独立的评价。此外,实验设计可以用来鉴别和测量过程参数间的交互作用。

(12)连续改进(Continuous Improvement)。充满生机和效益的公司总是不断地寻求更好的途径。竞争以及对于提高质量、利润、顾客满意程度的愿望,是推动公司不断寻求过程改进的动力,如图 8-19 所示。

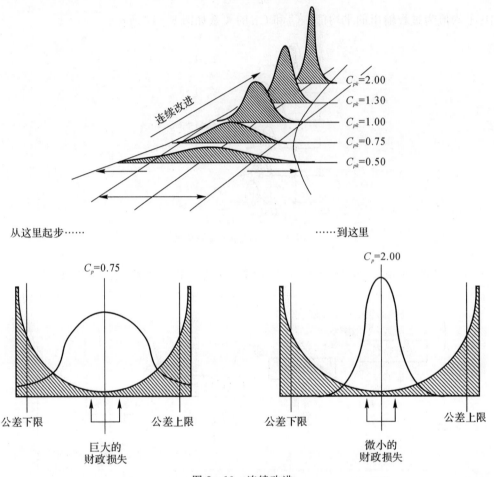

图 8-19　连续改进

8.3.4　AQS 的实施过程

由于篇幅有限,D1-9000 AQS 部分的全部实施程序见《先进质量体系》一书中的第二章。AQS 旨在减小产品关键特性的波动和关键特性生产过程的波动。减小波动的活动从确定关键特性开始,随后对关键特性进行统计控制和能力分析。

AQS 实施过程的流程图如图 8-20 所示。图中列出了实施 AQS 的所有步骤。

在确定关键特性前,应使用 D1-9000-1"AQS 工具"中所述的工具对产品及其相关的制造过程进行全面分析。典型的工具包括工作组集思广益法、制造过程流程图、收集生产数据(例如,缺陷、报废和返工)、收集工程信息(例如,规范)和进行风险分析。很多问题分析工具可用于减少或消除质量错误,而 AQS 过程流程则着力于减小关键特性的波动。关键特性必须记录在供应商的 AQS 控制计划(见图 8-21)或等效文件中。

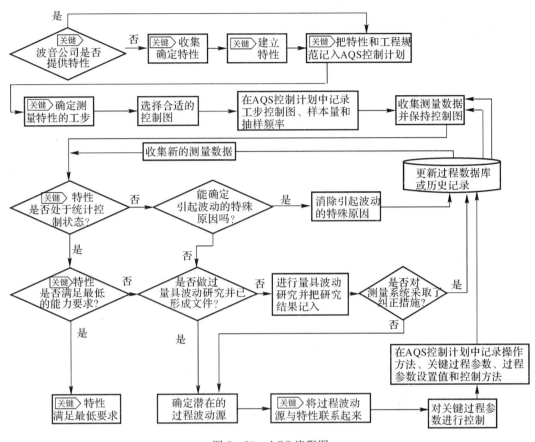

图 8 - 20　AQS 流程图

波音公司　先进质量体系——控制计划　　　共　页　第　页

关键特性							量具波动		过程波动				
关键特性	工程规范	测量的工步	使用的控制图	样本量	抽样频率	初始 C_{pk}	量具类型、制造厂家和型号	量具能力	工步和操作号	关键过程参数	过程参数设置值	控制方法	实验设计

零件/过程名称：_____　　　组长：_____　　　初版日期：_____

零件/过程号：_____　　　公司名称：_____　　　版本号：_____

装配件号：_____　　　改版日期：_____

图 8 - 21　AQS 控制计划

8.3.5 AQS 的主要环节

AQS 主要由四个环节组成,下面就每个环节作简要介绍。

1. 关键特性

(1)确定关键特性存在着以下两种情况。

1)波音公司提供关键特性。关键特性必须被直接标注在适当的文件中,如图纸、规范控制图纸(SCD)、工程标准、过程控制文件、采购合同或 CAD/CAM 的数字定义中。关键特性必须用符号"关键>"来标识。

波音公司也可把过程参数标注为"关键>"。

当某一关键特性在生产环境中不便测量时,供应商必须确定低一层次的关键特性。对这些低一层次的关键特性的测量和控制应能确保顶层关键特性满足波音公司要求。关键特性的传递示例如图 8-22 所示。

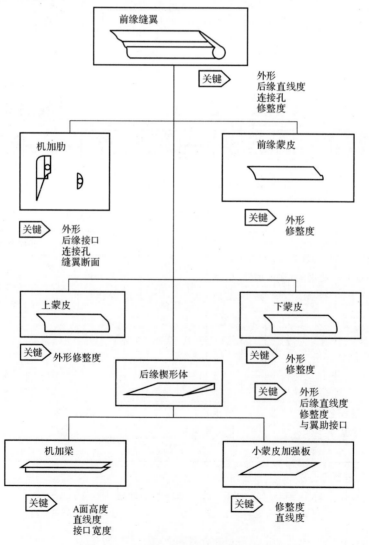

图 8-22 机翼前缘缝翼关键特性的传递

2)供应商自行评定关键特性。

供应商必须收集和分析适当的信息和数据来确定关键特性。收集的数据应与下列因素有关:适配性、性能、使用寿命、可制造性。凡是有若干次拒收或保修期间有索赔记录的特性,便可作为候选的关键特性。

(2)建立关键特性。

关键特性应由工作组确定。传递高一层的装配特性可作为确定关键特性的主要方法。建立关键特性时的要点有以下几点:

1)关键特性应是少量的。通常每个单独的零件可确定 2～3 个关键特性或更少,甚至没有。

2)关键特性应被视为可随时间的推移而改变的。关键特性可以增或删。

关键特性应是可测量的,并尽可能使用计量数据。如果不便测量,则把它们传递到更低层次的关键特性。

对一个装配件,通常有必要把顶层的关键特性传递到组件和零件级特性,如图 8-22 所示。确定关键特性的方法必须记录备案。如果经判别没有关键特性,那么必须将判别过程和支持数据记录下来。

(3)把关键特性和工程规范记入 AQS 控制计划,如图 8-23 所示。

波音　先进质量体系——控制计划

关键特性							量具波动		过程波动			
关键特性	工程规范	需测量的工步	使用的控制图	样本量	抽样频率	初始 C_{pk} 值	量具类型制造厂家	量具能力	工步及操作号	关键过程参数	过程参数设置	控制方法	实验设计?
下缘修整度(水线)	0.500 ±0.005	工步120#特形铣以后	$\bar{X}-R$	5	每班2	0.84	高度规 FOWLER T17_X	0.0017 (16.6%)	特形铣 120#	·铣削速度 ·切削速度	2 000 转/分 250 英寸	·机床调整 ·辅助工具	是

图 8-23　波音先进质量体系控制计划

2.提供波动证据

(1)首先要确定在制造流程的哪一个工步上对关键特性进行测量,应在制造过程最早可能的测量点进行测量,可使用直观的过程流程图。

工装在减小关键特性波动方面起重要作用,所以工装设计和制造应保证零件制造的每个阶段最大限度减少波动,并将工装设计和制造得便于收集每个关键特性的计量值和测量数据,这是很重要的。工装设计示例如图 8-24 所示,它说明了此框架的工装定位方案,以便于测量关键特性计量值数据。

(2)选用合适的控制图。必须选用适当的控制图来展示关键特性的波动证据。如果使用计量值控制图,必须同时对关键特性的平均值输出和波动性进行监控。具体内容见 D1-9000-1。

(3)确定样本量和抽样频率。

1)样本量是控制图中每个点所对应的测量值个数。样本量可使用推荐使用值,除非另有规定时,可以根据具体情况选择适合的样本量。

2)抽样频率。当没有现成数据可用时,为了确定关键特性的受控状况和能力,应采用快捷、可行的抽样频率。这通常等同于对所生产零件进行 100％ 测量。如不可能做 100％ 测量,应挑选一个能够快速收集样本数据的抽样频率,即样本数据的波动能反映全部生产输出的波动。一旦过程处于统计控制状态且过程能力满足要求,那么抽样频率可以减小,但抽样频率必须足够大(抽样频率推荐值见 D1－9000－1)。

以上工步使用的控制图、样本量和抽样频率必须记录在 AQS 控制计划中。

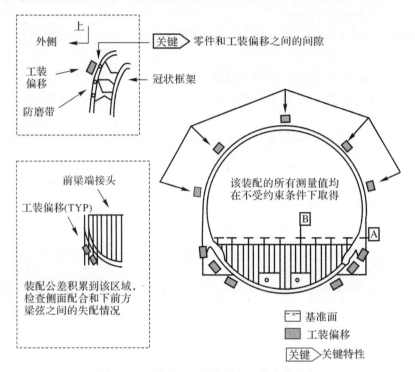

图 8－24　波音 777 冠状框架工装定位方案

(4)收集测量数据并保持控制图。

1)一旦进行生产,就必须收集关键特性的测量数据,并保持控制图。

2)必须用这样一种方法进行抽样,即测量数据反映完整的生产输出,包括不满足规范要求的那些零件。

3)试加工、调整和返工生产的零件的测量数据也必须标在控制图中,但一定不能参与控制图的计算。

4)必须按产品关键特性制造的时间先后顺序记录测量数据并在控制图中描点。

5)当需要时,必须能够获得控制图、AQS 控制计划及支持文件的副本。

6)可以使用波音公司 AQS 软件建立控制图并形成文件。

3.确定和控制波动源。

确定和控制动力源是非常关键的一个部分。

(1)确定关键特性是否处于统计控制状态。统计控制状态可由用于监控关键特性的控制图直接确定,如图 8－25 所示。

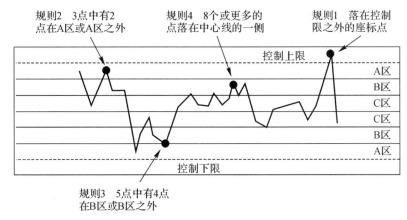

图 8-25　关键特性控制图

控制图中的坐标点是根据生产输出的样本绘制的,为得到稳定的控制极限,一般情况下至少抽取 20 个样本。控制极限之间的范围划分成几个带状区域,每个带状区域宽度相同并等于一倍标准偏差 σ。控制图中对于任何给定的时间段,绘出的坐标点落在控制线之内,将认为该关键特性处于统计控制状态。但图 8-25 中规则 2,3,4 给出了带状区域中规定的附加警告规则,违反这类警告规则的坐标点并不构成失控条件,但是它们是过程可能发生变化的早期警报器,必须采取纠正措施。

必须对控制图进行实时分析。在控制极限建立后,一旦过程发生明显的实质性变化,就必须重新计算控制极限,并在控制图上做出注释。当关键特性处于失控状态时,必须调查引起波动的特殊原因,作出记录,并对失控点作出注释。

(2)关键特性是否满足最低过程能力要求。在确定过程能力之前,关键特性必须处于统计控制状态。

波音公司使用 C_{pk} 指数来确定过程能力,如图 8-26 所示。如果某一关键特性的 C_{pk} 值超过 1.33,可以认为这一关键特性具有过程能力。为了达到 $C_{pk}=1.33$ 的过程能力要求,可接收的最大缺陷比例是 0.006 3%。

过程能力的计算必须记录下来以备审核时使用。如果关键特性过程能力不足,下一步必须调查量具波动。

(3)找到引起波动的特殊原因。

如果出现了失控状态,控制图能够说明何时何地发生了变化。如果这些特殊的波动原因可以归因于某个确定的理由,那么,这些原因就可称为"可识别的"。找到了波动原因,就必须采取纠正措施,即对引发失控状态的活动、环境或方针进行改善,永远消除或尽量减少这些原因。

如果找不出明确的失控原因,就必须对其他波动源进行调查,首先从量具波动研究开始。量具波动研究包括用于测量关键特性或过程的量具类型、制造厂商与型号以及量具能力(6S),即用一个量具对同一零件进行多次测量后的测量数据散度。测量系统的波动性可用其耗用的工程容差的百分比来表示,即

$$耗用容差百分比=\frac{量具能力}{公差上限-公差下限}\times100\%$$

　　建议测量系统所耗用的工程容差不超过关键特性工程容差的 10%。量具波动采取的纠正措施可为:建立标准化程序、培训、改变或替换测量仪器、修改夹具以利于测量或使测量标准化。

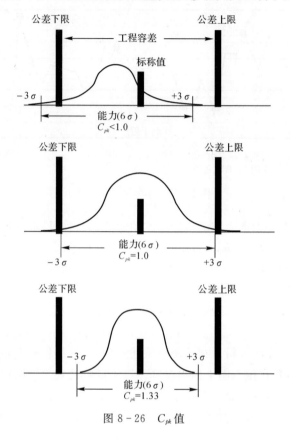

图 8-26　C_{pk} 值

　　经过上述研究,若关键特性仍失控或过程能力不足,那就必须查明潜在的过程波动源。可使用集思广益法、过程流程图、制造计划及因果图等工具系统地确定并记录所有可能给关键特性带来波动的过程及过程参数。以图 8-27 为例,通过集思广益法列出了金属镀铬过程的潜在波动源清单。该过程的关键特性是镀层厚度。

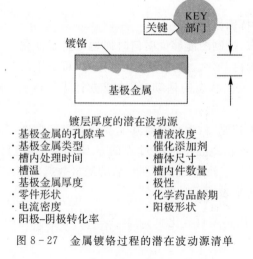

图 8-27　金属镀铬过程的潜在波动源清单

首先,画出初始的因果图(见图 8-28),以图解方式描绘出制造过程中的波动是如何对关键特性的波动产生潜在影响的。然后根据帕累托分析方法,可将过程的潜在波动源予以简化,如图 8-29 所示。最后对判明的波动源中的过程参数设置控制图进行控制。

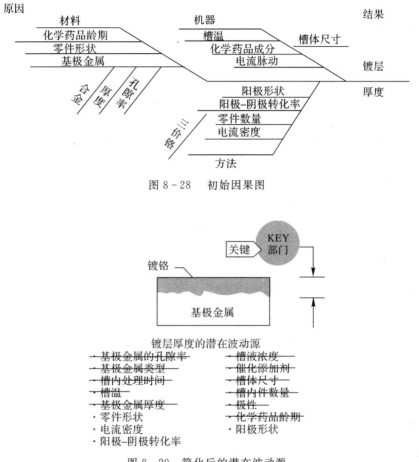

图 8-28　初始因果图

图 8-29　简化后的潜在波动源

如果过程波动的所有可识别原因都已消除,然而关键特性处于失控状态或其过程能力依然不足,那么通过进行统计实验设计(DOE)可以进一步改善关键特性的受控状况或提高过程能力。实验设计通常用来判明少量几个过程参数,关键特性的几乎全部波动正是这些参数共同起作用的结果,因而它们也被称为"关键过程参数"。使关键过程参数获得最佳的设置值并处于统计控制状态,对于实现关键特性处于受控状态并具有足够的过程能力大有裨益。实验设计可以不断进行,直至达到受控状态。

最后必须建立各种控制形式,以确保关键过程参数及其设置值不发生变化。具体的控制形式多种多样,可以是统计控制图、程序、工具辅助手段或操作人员指导书。

如果以上步骤都已进行,可是关键特性仍处于失控状态且过程能力不足,这时供应商可以向波音公司求援。

以上所有过程都要记录在 AQS 控制计划或等效文件、制造计划中。

8.3.6 关键特性实例

下面是波音公司的两个实例。为了便于理解,有些地方进行了简化,但应注意任何例子都不能成为选择具体零件关键特性的标准。

1. 图纸和数据集

(1)前缘缝翼翼肋装配件。

图 8-30 显示了一个前缘缝翼的主导轨翼肋装配件(Slat Rib Assembly),它由相对的两半组成,由高锁螺栓(Hi‐Lok)固定在一起,中间隔着垫片。法兰衬套可将主导轨与前缘缝翼装配在一起。虽然高一级的关键特性尚未确定,但在翼肋一级关键特性已可确定。

这个决定是通过对主导轨上的装配件的功能的研究和对文献中与之对应的有关问题的分析做出的。这个关键特性可分解到具体翼肋支撑特性。

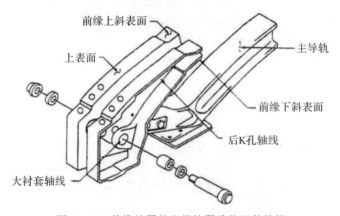

前缘上斜表面
上表面
主导轨
前缘下斜表面
后K孔轴线
大衬套轴线

图 8-30　前缘缝翼的主导轨翼肋装配件结构

前缘缝翼翼肋的候选关键特性是根据配合、性能和服务寿命需求确定的。考虑的因素包括前缘缝翼的外形和主导轨与前缘缝翼的配合。在列出了潜在关键特性后,运用风险分析确定关键特性。在对风险值进行比较后,关键特性就很明显了,表 8-2 为风险分析工作单,单中的 MDD(Master Dimension Definition)为主尺寸定义,它在产品数字化定义中描述飞机外形属于哪一块曲面。

表 8-2　前缘缝翼装配件关键特性风险分析工作单

候选关键特性	原　因	结　果	发生概率	严重性	可检测性	风险值
MDD330 上表面外形 (Upper Surface Profile)	• 高锁螺栓 Hi‐Lok • 孔位置 • 尺寸 • 安装 • 孔尺寸 • 翼肋外形	• 蒙皮配合不好→补偿 • 加垫片 • 空气动力	8	5	5	200

续表

候选关键特性	原　因	结　果	发生概率	严重性	可检测性	风险值
MDD330 后缘楔上表面外形 （Upper Trailing Edge Wedge Profile）	·高锁螺栓 ·孔位置 ·尺寸 ·安装 ·孔尺 ·翼肋外形	·蒙皮配合不好→补偿 ·安装问题 ·楔形配合 ·空气动力 ·翼肋问题	9	6	5	270
MDD332 后缘楔下表面外形 （Lower Trailing Edge Wedge Profile）	·高锁螺栓 Hi-lok ·孔位置 ·尺寸 ·安装 ·孔尺寸 ·翼肋外形	·蒙皮配合不好→补偿 ·安装问题 ·加垫片 ·楔形配合 ·空气动力 ·翼肋问题	8	6	5	240
大衬套 （Large Bushing）对齐	·分级扩孔 ·隔板长度 ·翼肋孔位置/垂直度 ·衬套同心度/安装 ·高锁螺栓关键特性	·装配问题/（不能装入夹具） ·衬套过度磨损 ·疲劳	8	4	5	160
大衬套（Large Bushing）内径	·铰刀尺寸 ·翼肋衬套 ·铰刀锋利度 ·粗加工衬套内径 ·孔大小	·装配问题 ·磨损 ·疲劳 ·颤振	4	4	1	16
小衬套（Small Bushing）内径	·铰刀尺寸 ·翼肋衬套 ·铰刀锋利度 ·孔垂直度 ·粗加工衬套内径 ·孔大小	·装配问题 ·磨损 ·疲劳 ·颤振	4	4	1	16
后 K 孔对齐	·翼肋 ·翼肋位置 ·高锁螺栓关键特性	·安装问题 ·补偿	6	4	5	120

考虑前缘缝翼翼肋具体零件的候选关键特性。为了便于在图纸上表示，需要在装配件级和零件级测量关键特性。树图（见图 8-31）用于表示这两级关键特性的关系。

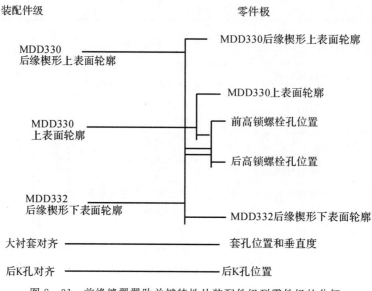

装配件级   零件极

MDD330后缘楔形上表面轮廓
MDD330 后缘楔形上表面轮廓
MDD330上表面轮廓
前高锁螺栓孔位置
MDD330 上表面轮廓
后高锁螺栓孔位置
MDD332 后缘楔形下表面轮廓
MDD332后缘楔形下表面轮廓
大衬套对齐 —— 套孔位置和垂直度
后K孔对齐 —— 后K孔位置

图 8-31　前缘缝翼翼肋关键特性从装配件级到零件级的分解

（2）方向舵装配件。

图 8-32 显示的是垂直方向舵装配件，它的关键特性是外形和与方向舵的铰接，做出如此选择是由于历史上的装配问题，包括铰接对不齐和方向舵面不光顺。舵面的关键特性在装配件一级是外形和铰接点位置。这些特性由梁-翼肋-蒙皮的连接和铰接头控制。

图 8-33 所示为方向舵装配件的梁-翼肋-蒙皮的连接，关键特性已标识出，不良的连接会导致外形出现问题。连接由蒙皮的厚度、梁和翼肋的尺寸控制，包括凸缘的角度和厚度。在此例中，蒙皮厚度和凸缘角度未被定为关键特性。

图 8-34 显示了方向舵铰接头（Hinge Fitting）及其关键特性。为了保证方向舵铰接点的对齐，活页孔定位必须准确，必须有平滑连接面以保证与梁的配合。在三个关键特性数据采样点对平直度进行检查，采样点与三个数据目标点所建立的平面有关。

2. 规范控制图（Specification Control Drawing，SCD）

（1）以机械系统中的液压阀为例。

在本例中，液压阀的一个顶级（Top Level）关键特性是内部渗漏量，这是一个经常发生的问题，需要克服高成本的返工。工作小组确定最可能的渗漏原因是铸造时阀体气孔过大，或壳体与阀塞间隙过大。图 8-35 中的结构树图显示了内部渗漏量是如何分解到液压阀的具体零件的。

（2）航空电子系统中的电子时钟。

在这个电子时钟的例子中，根据 SCD 图将准确度和清晰度这两个与时钟在线传输性能有关的特性定义为关键特性。在这个元件中没有发生配合与服务寿命问题，清晰度的变化是由于显示元件的照明度变化和电源输出电压引起的。图 8-36 的结构树显示了照明度是如何分解到时钟具体元件的。

光电二极管的输出电流被定为关键特性，是根据报废率决定的，这种报废是由于背景光与环境光调整不合适引起的。

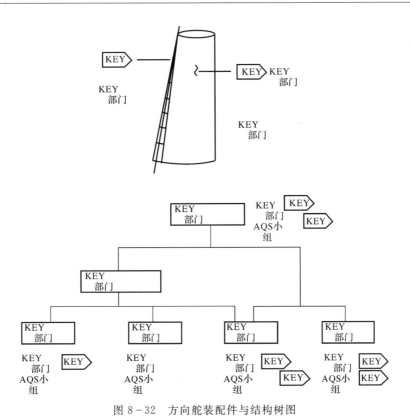

图 8-32　方向舵装配件与结构树图

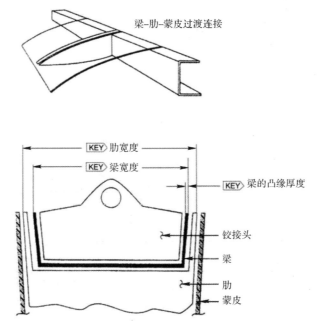

图 8-33　梁-翼肋-蒙皮的连接结构

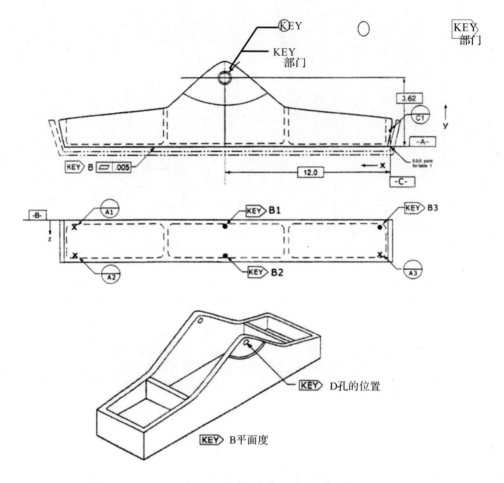

图 8 - 34 方向舵铰接头及其关键特性

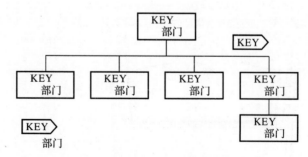

图 8 - 35 液压阀规范控制图

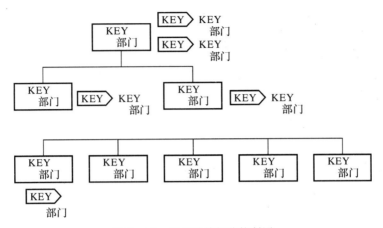

图 8-36 电子时钟规范控制图

8.3.7 AQS 的管理机构和实施步骤

先进质量系统是一项新的系统工程,我国航空工厂在转包生产中已开始实施,其组织体系采用二级网络 AQS 综合管理机构模式,如图 8-37 所示。

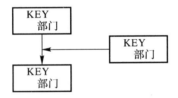

图 8-37 AQS 管理机构模式

AQS 领导小组是贯彻落实 AQS 工作的决策层,它由有关职能部门(工程、制工、质保、工装等)负责人及有关车间领导组成,负责对 AQS 工作实施的主要事项做出决策,并负责组织、协调、检查和监督 AQS 工作进程。

AQS 管理组是在 AQS 领导小组下设的一个工作组,它由各职能部门和车间指定的专人组成,是一种经常开展 AQS 活动的常设机构,负责 AQS 的指导、协调和审核工作。

部门 AQS 小组是贯彻落实 AQS 工作的执行组织,由车间的工艺、检验、调度和工段等负责人组成。

AQS 实施的大体步骤如下:

(1) 确定关键特性(KC)、制定测量计划。

编制关键特性明细表、根据关键特性制定测量计划,在工艺流程图中选定测量关键特性的工步,并注以"KEY"标识,将关键特性和工程规范记入 AQS 控制计划表。然后选择合适的控制图,确定样本量和抽样频率,并把它们记入控制计划。

(2)提供波动证据。

现场测量并收集数据,并做好登录和控制图的绘制工作。

(3)确定和控制波动源。

根据前面收集到的数据和控制图进行分析判断,确定关键特性是否处于统计控制状态,并判断关键特性能否满足过程能力。如果在关键特性测量中出现失控状态或过程能力不足的情况,则需进行波动源的再确定和相应的控制过程的重新建立。

(4)关键特性满足最低要求。

由于过程能力充分满足工程容差要求,可放心维持原状,继续生产,但必须应用控制图控制关键特性的稳定性,以保持关键特性不发生明显变化。

如果确实感到过程能力过分富裕,可考虑降低成本,简化质量管理等措施,如提高加工速度,降低原材料要求,或延长检查间隔,减少抽样频率等。

参 考 文 献

［1］《中国大百科全书》编辑部.中国大百科全书［M］.2 版.北京:中国大百科全书出版社,2009.

［2］中华人民共和国教育部高等教育司.普通高等学校本科专业目录和专业介绍(2020 年)［M］.北京:高等教育出版社,2020.

［3］薛红前.飞机装配工艺学［M］.西安:西北工业大学出版社,2015.

［4］谢福原.先进复合材料制造技术［M］.北京:航空工业出版社,2017.

［5］翟平.飞机钣金成形原理与工艺［M］.西安:西北工业大学出版社,1995.

［6］范玉青.现代飞机制造技术［M］.北京:北京航空航天大学出版社,2001.

［7］韩志仁,郑晖,贺平.飞机制造技术基础:机械加工［M］.北京:北京航空航天大学出版社,2015.

［8］杨光.飞机制造技术现状与应用前景［M］.广州:广东经济出版社,2015.